Kristina Bonn

Bodendegradation und Umweltwandel

GRIN Verlag

Bibliografische Information der Deutschen Nationalbibliothek:

Die Deutsche Bibliothek verzeichnet diese Publikation in der Deutschen Nationalbibliografie; detaillierte bibliografische Daten sind im Internet über http://dnb.d-nb.de/ abrufbar.

Impressum:

Druck und Bindung: Books on Demand GmbH, Norderstedt Germany
ISBN: 978-3-640-19360-8

Rheinische Friedrich-Wilhelms-Universität Bonn

GEOGRAPHISCHES INSTITUT

Oberseminar: Global Change and Human Security

WS 2002/2003

„Bodendegradation und Umweltwandel“

Kristina Bonn

28.01.2003

Inhaltsverzeichnis

1 EINLEITUNG

Abb. 1 Der Mensch versucht die Erosion seiner Lebensgrundlage (www.themes.myqth.com, 29.12.02)

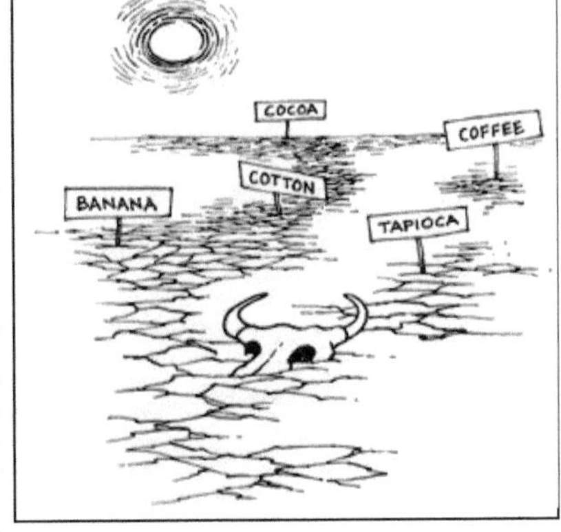

Abb. 2 Desertifikation (www.cseindia.org/html/ eyou/gen1ch3.htm, 29.12.02)

Die Abbildung 1 „Der Mensch verursacht die Erosion seiner Lebensgrundlage zeigt ein Szenario der Auswirkungen der Bodendegradation. Dieses abgebildete Szenario stellt das Problem der Bodendegradation aus der Perspektive der Wissenschaft als Warnung an die Menschheit dar. Bei der Abbildung 2 wird das Problem der Desertifikation, ein Teilaspekt der Bodendegradation, aus der Sichtweise einer betroffenen, hungernden Agrargesellschaft geschildert: Ehemalige Anbauflächen bringen keine Ernte mehr, da der Boden völlig zerstört ist. In der folgenden Arbeit soll das Problem aus beiden Perspektiven erörtert werden: Zuerst werden die physischen Prozesse, ihre Ursachen und Folgen wissenschaftlich analysiert, bevor anschließend, nach theoretischen Überlegungen zur menschlichen Sicherheit, Vulnerabilität und Risikoanfälligkeit, die Probleme am Fallbeispiel des betroffenen Landes Mali erörtert werden.

2 PROBLEMSTELLUNG

Die Entwicklung des Ackerbaus und verschiedener Landnutzungsformen waren bedeutende Schritte in der Evolution der Menschheit: Der Mensch wurde sesshaft und konnte sich permanent ernähren. Ein ertragreicher Boden war durch die Funktion der Produktion von Biomasse ein entscheidendes Kriterium für die Errichtung von Siedlungen, für die Sicherung der menschlichen Nahrungsversorgung und somit auch für die Arterhaltung des Menschen. Mit der Sesshaftwerdung des Menschen wuchs die Bevölkerung an und stellte gleichzeitig höhere Ansprüche an ihre Umwelt. Der Mensch weitete die landwirtschaftlichen Nutzflächen aus und intensivierte die Landwirtschaft zunächst durch verschiedene Bewirtschaftungsformen, dann durch Mechanisierung und schließlich auch durch Bodendüngung. Durch diese Eingriffe in die Umwelt und durch die dauerhafte, intensive Bodennutzung wurde und wird auch heute noch einerseits die Fertilität der Böden reduziert und andererseits der erosive Transport durch Wind und Wasser verstärkt und ein flächenhafter Abtrag des Bodens beschleunigt. Der Mensch, der sich größtenteils (zu 70%) von pflanzlichen Erzeugnissen ernährt, zerstört sich seinen wichtigsten Produktionsfaktor, den Boden.

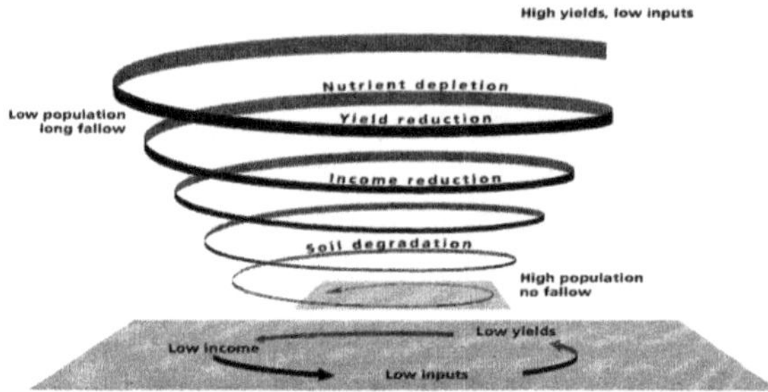

Abb. 3 Die Degradations-Spirale der traditionellen Landwirtschaft in den Entwicklungsländern (Steiner 1996: S. 13)

Die Degradationsspirale bildet die Verstärkung des Prozesses ab: Je stärker der Mensch den Boden beansprucht, desto geringer fallen die Erträge aufgrund reduzierter Bodenqualität aus.

Das quantitative und qualitative Wachstum der Bevölkerung hat jedoch nicht nur den Abtrag des Bodens, sondern auch gravierende Veränderungen des globalen Klimas zur Folge: Die Atmosphäre hat sich besonders durch die intensive Nutzung fossiler Brennstoffe im 20. Jahrhundert um $0{,}2$-$0{,}6^0$C erwärmt (vgl. IPCC Working Group 1, 2001: S. 1). Diese Erwärmung der Erdatmosphäre hat wiederum die Veränderung der Niederschläge und Winde zur Folge, welche sich dann wiederum als bodenabtragende Kräfte in manchen Gebieten verstärken und mancherorts verringern. Die Degradation der von den Menschen übernutzten und dadurch anfälligen Böden wird durch die globalen Klimaveränderung nochmals verstärkt. Der sich langsam vollziehende Prozess wird zu einer „schleichenden Naturgefahr" für den Menschen, deren Ausmaß noch nicht abzusehen ist. Der Zustand des Bodens, der sich nach dem anthropogen verursachten Abtrag einstellt, ist oftmals ein irreversibel modifizierter Zustand und kann als *Global Environmental Change*, als globaler Umweltwandel, bezeichnet werden. Dieser irreversibel modifizierte Zustand beeinflusst die Lebensbedingungen des Menschen spürbar und führt zu Konflikten. Der Mensch muss in neue Lebensräume ausweichen und diese zur Nahrungsversorgung bewirtschaften. Die Veränderung der Vegetationsdecke in den neu bewirtschafteten Gebieten kann dann wiederum Auswirkungen auf das Klima und den CO_2-Gehalt der Atmosphäre haben. Diese Kette der kausalen Zusammenhänge soll verdeutlichen, dass der Mensch in einem geschlossenen System lebt, dass einerseits seine Lebensgrundlage darstellt und dass andererseits von ihm zerstört wird. Die Auswirkungen und Folgen der globalen Umweltveränderungen setzen den Zerstörungsprozess dieses Systems eigenständig fort. Es findet eine positive Aufschaukelung statt, die vom Menschen zwar ausgelöst wurde, die jedoch eine eigenständige Dynamik entwickelt hat. Dieser Aufschaukelungsprozess muss vom Menschen gestoppt oder zumindest verlangsamt werden. Da jedoch die menschliche Wahrnehmung globaler Problematiken im 21. Jahrhundert stark von den Medien abhängig ist und Bodendegradation aufgrund der nur langsam spürbaren Auswirkungen kein spektakuläres, medienwürdiges Ereignis ist, kann diese schleichende Naturgefahr nicht in das Bewusstsein der Menschen gelangen und in einem weiteren Schritt gelöst werden.

> *„Ökologische Probleme der Menschheit erreichen überwiegend nur dann das Bewusstsein der Bevölkerung, wenn sie spektakulärer Art sind und entsprechend 'vermarktet' werden können. Die Bodenzerstörung als großflächiges, heute globales landschaftsökologisches Problem ist ein weitgehend unspektakulärer Prozess, und darin liegt seine Gefahr. (Heine 1994: S. 82)"*

3 CREEPING DISASTER – BODENDEGRADATION

Die Bedeutung des Begriffs *creeping disaster* lässt sich durch seine Übersetzung ins Deutsche schon fast erahnen: schleichende (kriechende) Katastrophe. Allerdings ist der Begriff *Naturkatastrophe (disaster)* von den Begriffen *Naturrisiko (risk)* und *Naturgefahr (hazard)* abzugrenzen: Unter dem Begriff *Naturrisiko* ist jeder potentiell gefährdende Naturprozess zu verstehen, der erst dann zur *Naturgefahr* wird, wenn er sich in einem Gebiet ereignet, dass von Menschen besiedelt ist. Als *Naturkatastrophe* wird eine Naturgefahr bezeichnet, die schwerwiegende Schäden für Mensch und Wirtschaft zur Folge hat oder haben wird. Nach Alexander (1993) besteht eine Naturkatastrophe immer aus dem Naturereignis und der menschlichen Vulnerabilität. Den Begriff *creeping disaster* definiert Alexander als schleichenden, unspektakulären Prozess, der sich über Monate, Jahr oder Jahrzehnte hinziehen kann:

> *"However, one basic distinction is between sudden impact and slow impact (creeping) disasters. The former may occur in a matter of seconds (earthquakes), minutes (tornadoes) or hours (flash floods); while the latter may take months (certain types of volcanic eruptions), years (types of subsidence of the ground) or centuries (various forms of land degradation and erosion). (Alexander 1993: S. 9)"*

Type of disaster	Duration of impact	Length of forewarning (if any)
Lightning	instant	seconds–hours
Avalanche	seconds–minutes	seconds–hours
Earthquake	seconds–minutes	minutes–years
Tornado	seconds–hours	minutes
Landslide	seconds–decades	seconds–years
Intense rainstorm	minutes	seconds–hours
Hail	minutes	minutes–hours
Tsunami	minutes–hours	minutes–hours
Flood	minutes–days	minutes–days
Subsidence	minutes–decades	seconds–years
Windstorm	hours	hours
Frost or ice storm	hours	hours
Hurricane	hours	hours
Snowstorm	hours	hours
Environmental fire	hours–days	seconds–days
Insect infestation	hours–days	seconds–days
Fog	hours–days	minutes–hours
Volcanic eruption	hours–years	minutes–weeks
Coastal erosion	hours–years	hours–decades
Accelerated erosion	hours–millennia	
Drought	days–months	days–weeks
Crop blight	weeks–months	days–months
Expansive soil	months–years	months–years
Desertification	years–decades	months–years

Tab. 1 Katastrophenklassifizierung nach der Dauer des Ereignisses und der Länge der Vorwarnung (Alexander 1993: S. 10, Tab. 1.4)

Alexander listet Bodendegradation zwar nicht in seiner Tabelle auf, jedoch verzeichnet er Desertifikation als Prozess, der sich über Jahrzehnte hinziehen kann. Bevor im Folgenden die Problematik und das Gefahrenpotential der Bodendegradation analysiert wird, muss zunächst einmal auf die Bedeutung und die Funktion des Bodens für den Menschen eingegangen werden.

3.1 Definition 'Boden'

Aus anthropogener Sicht ist der Boden eine lebenswichtige, weitgehend nicht erneuerbare Ressource, die zunehmenden Belastungen ausgesetzt ist (vgl. Kommission der europäischen Gemeinschaft 2002: S. 7). Er ist Bestandteil des oberflächennahen Untergrundes und kann als Produkt zahlreicher Bodenbildungsfaktoren und –prozesse definiert werden. Seine Entstehung dauert sehr lange: Sie vollzieht sich circa mit einer Bodenbildungsrate von 0,1mm/Jahr (vgl. Auerswald 1998: S. 38), und ist abhängig von Klima, Ausgangsgestein, Reliefeinfluss, Mensch, Tieren, Vegetation und Wasser (vgl Goudie 1994: S. 154). Sein Entstehungsprozess ist ein Verwitterungsprozess von mineralischen und organischen Substanzen, die zu Tonmineralien, Oxiden und Huminstoffen umgewandelt werden. Der Boden bildet die Schnittstelle zwischen Erde (Geosphäre), Luft (Atmosphäre) und Wasser (Hydrosphäre) (vgl. Kommission der europäischen Gemeinschaft 2002: S. 7).

3.2 Funktionen des Bodens

In landschaftlichen Ökosystemen erfüllt der Boden eine Reihe lebenswichtiger Funktionen für Umwelt, Gesellschaft und Wirtschaft. Er erfüllt Speicher-, Filter-, Puffer- und Umwandlungsfunktionen. Er reguliert die Schadstoffbelastung des Wassers und die Gaszusammensetzung der Atmosphäre. Darüber hinaus übt er eine Vielzahl ökologischer, wirtschaftlicher, sozialer und kultureller Funktionen von lebenswichtiger Bedeutung aus (vgl. Kommission der europäischen Gemeinschaft 2002: S. 7):

1. Erzeugung von Lebensmitteln und Biomasse
2. Speicherung und Filterung von Wasser und Nährstoffen
3. Lebensraum für Pflanzen und Tiere
4. Physische und kulturelle Umwelt des Menschen: Landfläche bildet die Grundlage für menschliche Tätigkeiten
5. Rohstoffquelle für Ton, Sand, Minerale und Torf

3.3 Definition 'Degradation'

Der Begriff *Degradation* meint von seiner ursprünglichen lateinischen Bedeutung die Reduzierung eines Zustandes auf ein niedrigeres Niveau (vgl. Blaikie; Brookfield 1987b: S. 3). Für den Begriff *Bodendegradation* gibt es sehr viele verschiedene Definitionsansätze: Während in der Begriffsdefinition auf den Internetseiten der University of Columbia, der Reduktionsprozess der für den Menschen bedeutenden Bodenfähigkeit betont wird,

> *„Land degradation has been defined as a reduction in the soil's capacity to produce in terms of quantity, quality, goods, and services.* (www.ciesin.org, 29.12.2002)

betont das Bonner Forum für Umwelt und Entwicklung die Irreversibilität des Zustandes, der sich nach dem Umwandlungsprozess einstellt:

> [Bodendegradation ist eine] *dauerhafte Veränderung der Struktur und Funktion eines Bodens* (http://www.forumue.de, 29.12.2002)

Als Grundlage für die folgende Ausarbeitung wird der Begriff in Anlehnung an Blaikie und Brookfield (vgl. 1987b: S. 3) definiert, als Umwandlung und Veränderung des natürlichen Bodenaufbaus, der natürlichen Bodeneigenschaften und –funktionen. Bodendegradation besteht aus verschiedenen Prozessen, von denen zumeist mehrere gemeinsam auftreten: einerseits aus der Verlagerung des Bodenmaterials, die sich wiederum in Wasser- (56 Prozent) und Winderosion (28 Prozent) aufgliedert, andererseits aus bodeninternen physikalischen (4 Prozent) und chemischen (12 Prozent) Umwandlungsprozessen.

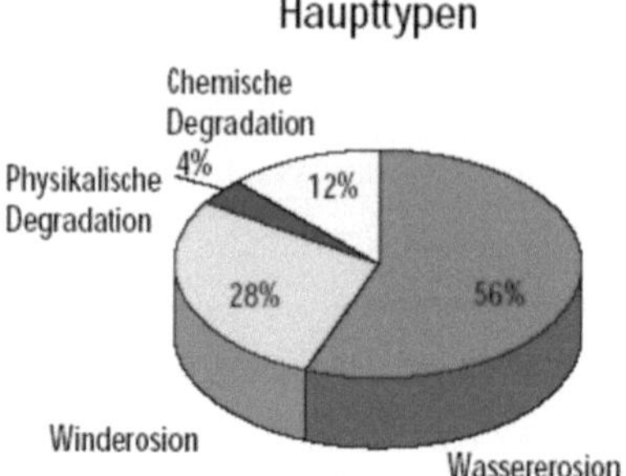

Abb. 4 Haupttypen der Bodendegradation (WBGU 1994: S. 59, Abb. 7).

Die physikalischen Prozesse sind Versiegelung, Verkrustung und Verdichtung, die chemischen Prozesse sind Nährstoffverlust, Versalzung, Versauerung und Toxifikation. Für den Menschen ist besonders die Reduktion der Bodenfunktion, der qualitativen und quantitativen Produktion von pflanzlichen Nahrungsmittel, von großer Bedeutung.

3.4 Ursachen von Bodendegradation

Bodendegradation kann sowohl durch anthropogene Ursachen als auch durch physische Ursachen ausgelöst werden. Deshalb werden diese Ursachen im Folgenden getrennt voneinander beschrieben:

3.4.1.1 Physische Ursachen der Bodendegradation

Als physische Ursachen der Bodendegradation werden alle Ursachen und Prozesse bezeichnet, die in natürlichen Systemen ohne Einwirkung des Menschen auftreten. Man fasst darunter natürliche Wind- und Wassererosion, Armut der Vegetation und der Bodenbedeckung und extreme Wetterereignisse, die sowohl natürlich als auch durch den Treibhauseffekt verursacht sein können. Der Bodenabtrag ist jedoch ein komplexer Prozess aus verschiedenen Faktoren und sein Ausmaß hängt von physischen Bedingungen wie Klima, Hanglänge, Hangneigung, Art der Bodenbedeckung und der Beschaffenheit des Bodens ab.

Besonders anfällig sind beispielsweise erstens Böden in steilen Hanglagen mit geringer Vegetation, lehmiger Textur oder geringem Gehalt an organischer Substanz stärker degradationsgefährdet (vgl. Kommission der europäischen Gemeinschaft 2002: S. 7), zweitens Gebiete mit hoher Aridität, weil dort die Vegetation, die den Boden durch ihr

Wurzelwerk befestigt und schützt, sehr gering ist (vgl. Mensching 1990: S. 29). Treten in solchen vegetationsarmen Gebieten dann plötzlich starke Niederschläge und damit verbunden Überschwemmungen und Erdrutsche, wird der kostbare Oberboden durch das Transportmedium Wasser abgetragen. Zusätzlich sind vegetationsarme Böden anfällig für den Materialtransport durch das Medium Wind.

Die durch den Treibhauseffekt verursachte Erwärmung der Böden verstärkt wiederum die Mineralisierung von Humus. Bei der Mineralisierung von Humus, also bei dessen Abbau, werden das Treibhausgas CO_2 und Wasser freigesetzt. Somit wird der Temperaturanstieg weiter beschleunigt.

3.4.1.2 Anthropogene Ursachen der Bodendegradation

Neben den physischen Ursachen der Bodendegradation spielt der menschliche Eingriff in Ökosysteme eine entscheidende Rolle. Im englischen Sprachgebrauch wird er als *human impact* bezeichnet (vgl. Mensching 1990: S. 37).

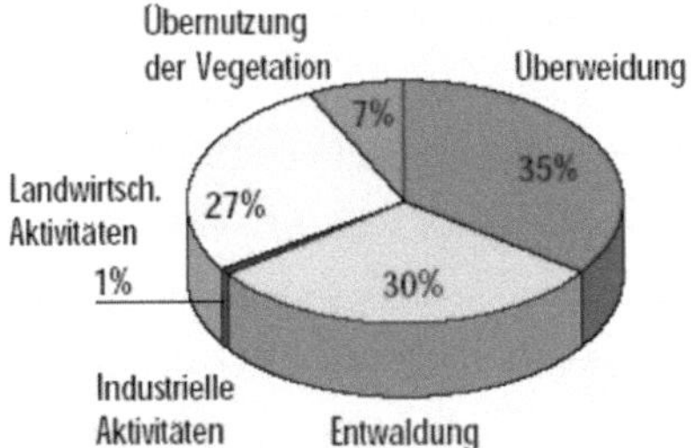

Abb. 5 Anthropogene Ursachen der Bodendegradation (WBGU 1994: S. 59, Abb. 7)

Die **Zunahme der landwirtschaftlichen Anbauflächen** und deren **Übernutzung** sind Hauptursachen der Degradation der Böden. Das Ausmaß der lokalen Degradation ist abhängig von der Bodenbewirtschaftungsart und den verwendeten Maschinen (vgl. Mensching 1990: S. 38). Auch **Überweidung**, die zumeist eine Folge hohen Tierbesatzes auf kleinen Flächen und unterlassener Rotation der Weiden ist, schädigt die Böden sehr (vgl. Mensching 1990: S. 44). Die Tieren fressen die natürliche Vegetation, zerstrampeln die Wurzeln der Pflanzen und verdichten den Boden. Eine weiterer Eingriff des Menschen, der entscheidende Auswirkungen auf das Ökosystem der Böden hat, ist der Vorgang der **Entwaldung** zur Gewinnung von Brenn- und Bauholz oder der Erweiterung landwirtschaftlicher Nutzflächen. Böden werden jedoch auch durch **industrielle Aktivitäten**, durch das Anwachsen von Industrie oder urbanen und industriellen Ballungsgebieten belastet und durch das Deponieren von Schadstoffen belastet. In der folgenden Tabelle wird die Größe der Flächen dargestellt, die in den verschiedenen Kontinenten und auf der Welt aufgrund der unterschiedlichen anthropogenen Ursachen degradiert sind.

Anthropogene Ursachen (Spalten)/ Kontinente, Regionen (Zeilen)	Entwaldung	Übernutzung	Überweidung	Landwirt-schaftliche Aktivitäten	Industrielle Aktivitäten
Afrika	67	63	243	121	+
Asien	298	46	197	204	1
Südamerika	100	12	68	64	–
Zentralamerika	14	11	9	28	+
Nordamerika	4	–	29	63	+
Europa	84	1	50	64	21
Ozeanien	12	–	83	8	+
Welt	579	133	679	552	22

Tab. 2 Flächen der pro Kontinent anthropogen induzierten Bodendegradation in Mio. ha (WBGU 1994: S. 52, Tab. 6) [+ =geringe Bedeutung/ - = keine Bedeutung]

3.4.1.3 Ursachenkomplex

So wie Mensching (1990: S. 50) die Desertifikation als komplexes Wirkungsgefüge bezeichnet, kann auch die Degradation als komplexes Wirkungsgefüge beschrieben werden. Bei der Bodendegradation wird durch eine Vielzahl von Ursachen und deren Zusammenspiel eine Vielzahl von Prozessen ausgelöst, die zahlreiche Schäden zur Folge haben. Physische Ursachen schaffen dabei zumeist die Rahmenbedingungen, und anthropogene Ursachen intensivieren die Zerstörung des Bodens: Der Mensch verändert durch seine Bodennutzung einzelne natürliche Faktoren, wie beispielsweise Vegetation, Oberflächenform und Bodeneigenschaften, die für das Ausmaß der Bodendegradation verantwortlich sind (vgl. Steiner 1994: S. 21).

3.5 Prozesse der Bodendegradation

Das zuvor beschriebene komplexe Ursachengefüge der Bodendegradation führt zu einer Vielzahl von Prozessen. Im Folgenden werden erosive, physikalische und chemische Prozesse unterschieden.

3.5.1 Erosionsprozesse

Unter Erosion fasst man Prozesse der Verlagerung von Bodenmaterial durch Wind und Wasser zusammen. Bodenerosion ist ein durch Eingriffe des Menschen ermöglichter und durch den Transport durch Wind und Wasser ausgelöster Prozess, der die Ablösung von Bodenpartikeln, ihren Transport und ihre Ablagerung beinhaltet (vgl. Richter 1998: S. 34). Während der äolische Abtrag meist flächenhaft wirkt, kann Wassererosion sowohl linienhaft als auch flächenhaft wirken, also Hohlformen und Vollformen hinterlassen. Beide Erosionsformen können als Prozessresponsesysteme beschrieben werden, d.h. als gekoppelte Systeme, das sich aus statischen und dynamischen Komponenten zusammensetzen, die einander gegenseitig bedingen. Die Tatsache, dass Erosion zugleich auch ein selektiver Prozess ist, das bedeutet, dass besonders Tonmineralien, Nährstoffe und organische Substanz abgetragen werden. Die Selektivität des Transportes verdeutlicht, wie signifikant dieser Vorgang für Bodenproduktivität ist (vgl. Steiner 1994: S. 21).

3.5.1.1 Wassererosion

Die Abtragung des Bodens durch das Transportmedium Wasser ist, wie Oldemann (1991) dies in der *world map of the status of human induced soil degradation* darstellt, der bedeutendste Prozess der Bodendegradation. Sie ist abhängig von der Niederschlagsintensität, von der Oberflächenabflussrate, die die Differenz der Niederschlagsrate und der Infiltrationsrate bildet, von der Korngröße der Bodenpartikel und der Bodenbedeckung. Auch der Prozess der Wassererosion ist wiederum in mehrere Prozesse untergliedert: Der initiale Prozess ist der Prozess des Aufprallens der Regentropfen, der auch als Splash-Prozess bezeichnet wird. Je heftiger der Aufprall des Regentropfens ist, desto stärker zerstört er den Zustand des Oberbodens und macht somit den A-Horizont für den Abtransport durch Oberflächenabfluss anfällig. Darüber hinaus setzen die gelösten Bodenpartikel die Bodenporen zu, so dass der Oberflächenabfluss verstärkt wird. Die gelösten Sedimente werden dann entweder durch Rillenerosion, Interrillenerosion, Grabenerosion oder Tunnelerosion transportiert. Das Ausmaß der Wassererosion ist stark von der Reliefenergie abhängig.

Schäden durch Bodenerosion

Bildnachweis: **Ministerium für Umwelt und Verkehr**
Copyright: **Ministerium für Umwelt und Verkehr**

Abb. 6 Wassererosion (http://www.uvm.baden-wuerttemberg.de/abt2/umweltplan/bilder/153_01.jpg, 25.01.2003)

3.5.1.2 Winderosion

Bei der Winderosion, die ebenfalls als bedeutender Teilprozess der Bodendegradation verstanden wird (vgl. Oldemann 1991), werden zunächst einmal die Bodenpartikel vom Boden abgelöst und in das Transportmedium Luft aufgenommen, bevor sich diese Teilchen dann andernorts akkumulieren. Hauptauslöser des äolischen Transportes ist fehlende Bodendeckung. Von dieser Erosionsform sind besonders aride und semiaride Gebiete betroffen. Der Transportprozess findet in der Regel, je nach Größe des Bodenteilchens, in Form dreier Bewegungen statt: Reptation, kriechende Bewegung von sehr groben Bodenpartikel (>0,5mm), Saltation, springende Bewegung von Partikeln mit einer Größe von 0,05-0,5mm, und Suspension, schwebende Bewegung sehr feiner Teilchen (<0,05mm) (vgl. Richter 1998: S. 35). Das Ausmaß der Winderosion ist abhängig von der Windgeschwindigkeit, von der Bodenfeuchtigkeit, dem Bodenaggregat und dem Humusgehalt. Äolische Erosion löst gleich in zwei Gebieten Schäden aus: Einerseits wird die Bodenfruchtbarkeit im Auswehungsgebiet durch den Transport der feinen Bodenpartikel samt Nährstoffen reduziert, andererseits werden im Akkumulationsgebiet Anbauflächen, Gebäude und Zäume mit unerwünschten Erdmassen zugedeckt, so dass die Anbaupflanzen eingehen können. Ebenfalls die

Akkumulation von Sanden, die aus reinen Sandwüsten ausgeweht wurden, führt zu einer Verminderung der Bodenfruchtbarkeit im Akkumulationsgebiet.

Abb. 7 Winderosion, (http://www.dow.wau.nl/eswc/pics-vak/winderosion2.jpg, 25.01.2003)

3.5.2 Prozesse der physikalischen Bodendegradation

3.5.2.1 Versiegeln - sealing

Als Bodenversiegelung wird das initiale Stadium des Hartsetzens bezeichnet, in der der Boden erst 1-5mm verdichtet ist und noch nicht brüchig ist (vgl. Gabriels et al. 1998).

ABOVE & INSET: Suface crust following cultivation and rainfall.

Abb. 8 Versiegelter Boden (www.netc.net.au/enviro/ fguide/detosub.html, 25.01.2003)

Der Begriff Bodenversiegelung wird häufig als anthropogene Flächenversiegelung durch Bebauung und Verstädterung verstanden. Diese ist hier jedoch nicht gemeint.

3.5.2.2 Hardsetzen - hardsetting

Hartsetzen von Böden bedeutet, dass Böden, deren Bodenaggregat von starken Niederschlägen bereits zerstört wurde, sich beim Trocknen zu einer strukturlosen Masse verhärten. Diese ist durch große Härte, hohe Trockenraumdichte und geringe Permeabilität gekennzeichnet. Infiltration und Speicherung von Wasser ist daher nur in geringem Maße möglich (vgl. Steiner 1994: S. 30).[1] Die Böden können je nach Ausmaß der Hartsetzung in den verschiedenen Bodenhorizonten betroffen sein, zum Teil auch so stark, dass eine Landbearbeitung nicht mehr möglich ist. Hartgesetzte Böden sind häufig in alluvialen Ebenen semiarider Gebiete zu beobachten (vgl. Steiner 1994: S. 30).

Abb. 9 Hartgesetzter Boden (www.nre.vic.gov.au/.../vro/ vrosite.nsf/pages/gloss_DG, 25.01.2003)

3.5.2.3 Verdichten - compaction

Ähnlich wie bei der Hartsetzung wird auch bei der Bodenverdichtung der Boden zu einer strukturlosen, kompakten Masse komprimiert, die Ursache des Prozess ist jedoch nicht der Niederschlag, sondern eine externe Auflast, die das Bodenvolumen verringert. Diese Auflast sind in der Regel Maschinen zur Bodenbearbeitung. So stellt sich Bodenverdichtung zumeist als Folge mechanisierter Rodung, mechanisierter Waldnutzung oder mechanisiertem landwirtschaftlichem Anbau ein (vgl. Steiner 1994: S. 29).

[1] Weiterführende Informationen zu den einzelnen Prozesse der physikalischen Bodendegradation und den zur Messung dieser Prozesse notwendigen Instrumentarien sind sehr ausführlich beschrieben in:
Lal, R.; Blum, W. E. H.; Valentine, C.; Stewart, B.A. [Hrsg.]: **Methods of Assessment of Soil Degradation**, Advances in Soil Science, 1998, Boca Raton, New York.

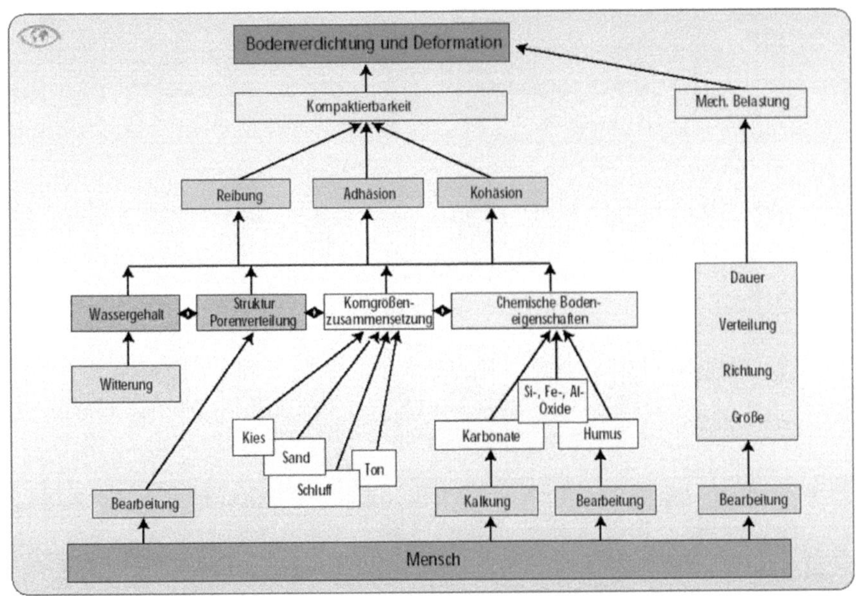

Abb. 10 Bodenverdichtung (WBGU 1994: S. 55, Abb. 5)

Die Abbildung zeigt, dass das Ausmaß der Bodenverdichtung besonders von der Kompaktierbarkeit des Bodens abhängt. Die Kompaktierbarkeit ist dann besonders hoch, wenn der Boden sehr feucht ist, wenn sein Tongehalt hoch ist, wenn die Bodenstruktur und die chemischen Bodeneigenschaften durch menschliche Bearbeitung verändert sind.

Abb. 11 Verdichtung durch Auflast (http://www.sierraclub.org/ut/careforutah/p/before_after.html, 25.01.2003)

Abb. 12 Verdichteter Boden, (http://www.sierraclub.org/ut/careforutah/p/DSCN4683.html, 25.01.2003)

Abb. 13 Schäden durch Bodenverdichtung (http://www.uvm.baden-wuerttemberg.de/abt2/umweltplan/bilder/152_01.jpg, 25.01.2003)

3.5.2.4 Verkrusten - crusting

Eine Bodenkruste ist eine harte, spröde, dichte Schicht von 0,5-2 cm Dicke, die sich als Folge von Mikroerosion durch Regentropfen einstellt (vgl. WBGU 1994: S. 54). Da die Bodenbedeckung und die natürliche Humusauflage der Böden durch menschliche Bewirtschaftung verändert ist, führt die Splash-Wirkung der Regentropfen zu einer Zerschlagung der Aggregate der obersten Bodenschicht (vgl. Steiner 1994: S. 29). Die Bildung von Krusten erfolgt mit dem Trocknen der Böden. Anfällig für Verkrustung sind Böden mit hohem Gehalt an nicht quellbaren Tonmineralien.

Man unterscheidet die Krusten wiederum nach der chemischen Substanz, die diese Kruste bildet, in:

- **Kalkkrusten**, aus Kalziumcarbonat
- **Kieselkrusten**, durch Zementierung von Kieselsäure in Form von Opal, Chalcedon und Quarz
- **Gipskrusten**, aus Calciumsulfat.[2]

Jeder chemische Stoff löst sich bei einer anderen Niederschlagsintensität und daher treten in verschiedenen Klimaten verschiedene Krusten auf.

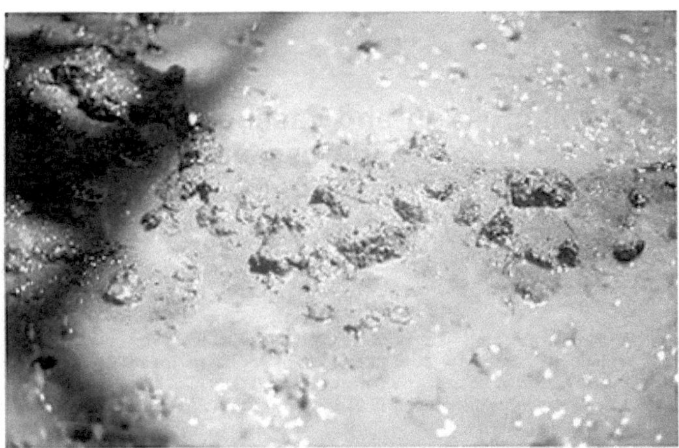

PLATE 7 Structural crust, slaking type, developed on a 'mound' in a clay loamy soil in northern Niger under simulated rainfall. Note the surface roughness. Depositional crusts are formed under the water layer

Abb. 14 Mikroerosion durch Regentropfen (http://www.fao.org/ag/ags/AGSe/7mo/69/chap9.pdf, 25.01.2003)

---

[2] Eine sehr differenzierte Klassifizierung der Krusten beschreibt:
VALENTIN, C.; BRESSON, L. M. (1998): ***Soil Crusting***. Lal, R.; Blum, W. E. H.; Valentine, C.; Stewart, B.A. [Hrsg.]: **Methods of Assessment of Soil Degradation**, Advances in Soil Science, 1998, Boca Raton, New York S.89-101.

PLATE 10 Pavement crust, Yatenga region, Burkina Faso. Note the coarse fragments included in a crust similar to that of Plate 9

Abb. 15 Bodenkruste in Burkina Faso, (http://www.fao.org/ag/ags/AGSe/7mo/69/chap9.pdf, 25.01.2003)

PLATE 13 Overland flow on sandy soils caused by soil crusts in Yatenga Region, Burkina Faso (G. Serpantié)

Abb. 16 Oberflächenabfluss durch Bodenkruste in Burkina Faso, (http://www.fao.org/ag/ags/AGSe/7mo/69/chap9.pdf, 25.01.2003)

3.5.3 Prozesse der chemischen Bodendegradation

Als chemische Bodendegradation bezeichnet man eine Reihe bodenchemischer Prozesse, die zur Abnahme der Bodenproduktivität führen. Es lassen sich die verschiedene Prozesse unterscheiden: Nährstoffverarmung, Humusabbau, Bodenversauerung, Versalzung und Kontamination.

3.5.3.1 Nährstoffverlust

Grund für eine Nährstoffverarmung der Böden ist die Auswaschung von wasserlöslichen Nährmineralien, wie Phosphor, Kalium, Kalzium, Magnesium und Schwefel. Humide Gebiete sind für diesen Prozess der Bodendegradation besonders anfällig, da hohe Niederschlagsmengen eine Auswaschung begünstigen. Durch die Auswaschung der Mineralien aus der Wurzelzone in tiefere Bodenschichten können Pflanzen nicht mehr an diese Nährstoffe gelangen. Zum anderen können Nährstoffe, wie beispielsweise Phosphor, können jedoch auch an bei der Versauerung freigesetzte Oxide, wie Aluminium- und Eisenoxide, gebunden werden (vgl. Steiner 1994: S. 26). Hauptursache für den Nährstoffverlust sind Landnutzungsänderungen und eine Land- und Forstwirtschaft, die die ausgewaschenen oder mit Ernte und Abholzung über die Pflanzen entnommenen Nährstoffe nicht anthropogen ersetzt und dem Boden über Mineraldünger, Kuhdung oder Kompost zurückführt (vgl. WBGU 1994: S. 54).

3.5.3.2 Humusabbau

Humus ist die Gesamtheit der abgestorbenen organischen Bodensubstanz. Humus besteht zur Hälfte aus organisch gebundenem Kohlenstoff. Diese organische Bodensubstanz ist ein Zersetzungsprodukt, das dem Boden ihre Mineralien zurückführt, die von Pflanzen und Tieren als Nahrung aufgenommen wurden. Diese organischen Substanzen sind eine ausgeglichene, langsam fließende Nährstoffquelle und stellen Austauschplätze für Kationen zur Verfügung. Durch landwirtschaftlichen Feldbau geht die dem Boden aufliegende Humusdecke häufig in wenigen Anbauperioden zurück. Oft wird jedoch der Humusabbau und damit auch die Rückführung von Mineralien durch ungünstige Bodenbedingungen gehemmt, wie schlechte Wasser- und Durchlüftungsverhältnisse und geringe Anzahl von Bodenlebewesen. Humusverlust bedeutet jedoch nicht nur Nährstoffverlust, sondern auch Rückgang der Nährstoffbindekapazität des Bodens. Da die Humusdecke auch eine Filter- und Pufferfunktion erfüllt, können, wenn die humose Auflage nicht vorhanden ist, Schadstoffe ungehindert in den Boden gelangen. Zur Erhaltung des Humusspiegels benötigen die Oberböden in humiden Klimaten eine Zufuhr pflanzlicher Biomasse von circa 8400 kg Trockenmasse/ Hektar/ Jahr, die Oberböden in semiariden Gebieten circa 2100 kg Trockenmasse/Hektar/Jahr (vgl. Steiner 1994: S. 29).

3.5.3.3 Versauerung

Unter *Versauerung* der Böden wird die Absenkung der chemischen Bodensubstanzen unter einen ph-Wert von 6 verstanden. Bei starkem Ausmaß der Versauerung kann der ph-Wert bei 4,5 liegen. Versauerung entsteht, wie die Abbildung 17 zeigt, ausschließlich aufgrund des Menschen: erstens durch externen Säureeintrag und Schadstoffeintrag in den Boden, zweitens durch Säurebildung im Boden und drittens die Bodenbearbeitung, die die Anfälligkeit des Bodens vergrößert und die Pufferfähigkeit reduziert. Saure Depositionen können extern entweder aus der Atmosphäre stammen und über Niederschläge in den Boden gelangen oder als trockene Depositionen von Industrie und Haushalten in den Boden gelangen. Die bodeninterne Säurebildung wird durch den Einsatz ammonium- und harnstoffhaltiger Düngemittel und Biomasseexport der landwirtschaftlichen Tätigkeit des Menschen ausgelöst (vgl. WBGU 1994: S. 54). Das Ausmaß der Versauerung hängt schließlich stark von der Pufferfähigkeit des Bodens ab. Versauerung kann sich in humiden Klimaten jedoch auch als natürlicher Vorgang der Verwitterung einstellen, wenn das Ausgangsgestein zu wenige basische Kationen nachliefert. Durch Versauerung werden Nährmineralien ausgewaschen und toxische Metallionen freigesetzt. Diese toxischen Metallionen stammen entweder aus Schwermetallen, die über Jahrzehnte als Luftschadstoffe in die Böden eingetragen wurden, oder sie sind Aluminiumionen, die bei der Versauerung freigesetzt wurden (vgl. Steiner 1994: S. 28). Toxischen Metallionen zerstören Tonminerale und andere Bodensilikate, lassen den Aluminium und Nitratgehalt im Trinkwasser und anderen Gewässern ansteigen, beeinträchtigen das Wurzelwachstum und das Wachstum der Mykorrhiza und verringern die Lebensfähigkeit von Bodenorganismen.

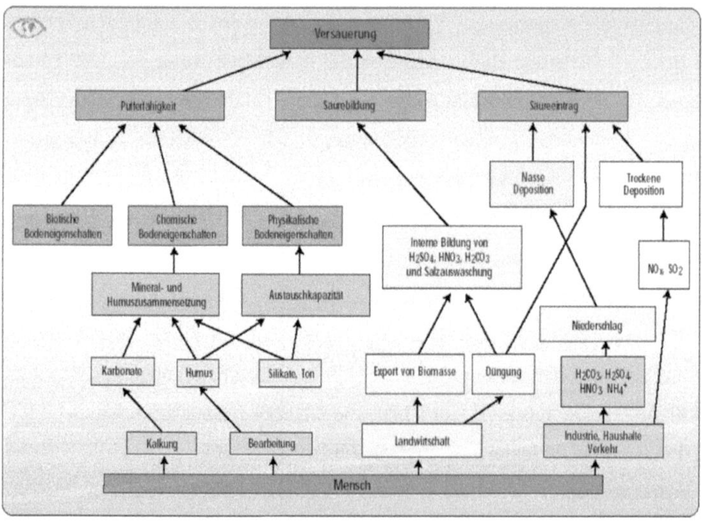

Abb. 17 Die Versauerung von Böden (WBGU 1994: S. 56, Abb. 5)

3.5.3.4 Versalzung

Versalzung bezeichnet alle Prozesse der Anreicherung von Salz in Böden. Sie findet wie der Nährstoffverlust vorwiegenden in humiden Klimaten statt und kann in ariden Klimaten sogar ein Bodenbildungsprozess darstellen: Der Boden wird mit Salzen aus Niederschlägen angereichert und aufgrund der hohen Verdunstung werden die Mineralien nicht ausgewaschen, sondern verweilen im Oberboden. Im Zusammenhang mit Bodendegradation wird Versalzung jedoch ausschließlich als negativer Prozess verstanden: Es handelt sich meist um eine anthropogen ausgelöste, landnutzungsbedingte Versalzung. Falsche Bewässerungsmaßnahmen, erhöhte Evapotranspiration, geänderte hydrologische Verhältnisse, der Anstieg von salzhaltigem Grundwasser und das Eindringen salzhaltigen Meerwassers sind meist die Auslöser von Bodenversalzungen. Die Salze fallen bei der Verdunstung aus und zeigen sich als Ionenbelag im Boden oder als Salzkruste an der Bodenoberfläche. Hohe Salzkonzentrationen führen zu toxischen Effekten bei Pflanzen, zu hoher Alkanilität, da Natriumionen die Kationenaustauscher belegen, zu Strukturschäden und zu einer verminderten Infiltrationsrate des Bodens.

Abb. 18 Versalzung (http://www.g-o.de/kap3/3azab018.htm, 25.01.2003)

3.5.3.5 Kontamination

Der Begriff *Kontamination* bedeutet Verschmutzung und Verunreinigung von Böden durch organische und anorganische Schadstoffe, die durch Pestizide, Überdüngung, Säuredepositionen in die Böden gelangen. Diese Art der Bodendegradation als Chemikalienbelastung der Böden tritt verstärkt in stark industrialisierten Ländern auf und spielen in Entwicklungsländern eher eine untergeordnete Rolle (vgl. WBGU 1994: S. 54). Besonders verstärkt hat sich die Kontamination mit der Intensivierung der

Landwirtschaft durch verstärkten Einsatz von Pestiziden. Bei industriellen Altlasten kann der Eintrag in den Boden auf direktem Weg, durch die Deponierung dieser Altlasten, oder indirektem Weg über die Atmosphäre erfolgen. Die Schwermetallbelastung von Böden geht in erster Linie auf Gewinnung und Verhüttung von Erzen, auf verbleites Benzin und schwermetallhaltige Industrieabfälle zurück. Diese bleiben im Gegensatz zu organischen Substanzen im Boden erhalten und können nur durch einen Oberflächenaustausch aus dem Boden entfernt werden. Die Schadstoffe waschen sich ins Grundwasser aus, werden zunächst von Pflanzen und schließlich auch von Mensch und Tier aufgenommen, werden durch Wind- und Wassererosion in andere Gebiete transportiert oder verflüchtigen sich als Gase in die Atmosphäre (vgl. Scheffler, Schachtschabel 2002: S. 365). Hohe Schwermetallkonzentrationen führen zu toxischen Effekten und Wachstumsstörungen der Pflanzen und reduzieren mikrobakterielle Bodenprozesse.

3.6 Folgenkomplex der Bodendegradation

Aus diesen zahlreichen Prozessen der Bodendegradation gehen zahlreiche Folgen hervor, die im Folgenden skizziert werden. Mensch, Natur und Klima sind von den Folgen betroffen:

3.6.1 Folgen für Natur und Klima

3.6.1.1 Verstärkung des Treibhauseffekts

Böden stellen wichtige CO2-Senken für das Klima dar. Sie speichern Kohlenstoff in Form von Carbonaten und in organisch gebundener Form. Beim Humusabbau wird Kohlendioxid freigesetzt, das wiederum den Treibhauseffekt beschleunigt.[3] Da Pflanzen auf degradierten Böden nur bedingt wachsen können, ist die Funktion von Vegetation als CO2-Senke ebenfalls zu berücksichtigen. Wie schon im Kyoto-Protokoll von 1997 formuliert wurde, sind Böden wichtige Regulatoren für regionale und globale Klimaverhältnisse, da sie im Kohlenstoffkreislauf der Erde eine bedeutende Rolle spielen.

3.6.1.2 Belastung von Grundwasser und Flüssen mit Schwermetallen

Über Düngung, sauren Regen, Altlasten und bodeninterne Umwandlungsprozesse gelangen Schwermetalle in die Böden (vgl. Kapitel 3.5.3.5). Wenn Wasser nicht über die Verdunstung in die Atmosphäre, sondern durch Versickerung transportiert wird, werden die Metalle Antimon, Arsen, Blei, Cadmium, Chrom, Kupfer, Nickel,

---

[3] Weiterführende Informationen zur Auswirkung des Klimawandels auf Kohlenstoff in Böden und zu Messinstrumentarien in:
Lal, R.; Kimble, J. M., Follett, R. F., Stewart, B. A. [Hrsg.] (2001): **Assessment Methods for Soil Carbon**, Advances in Soil Science, 1, Boca Raton, New York, Washington, D.C.

Quecksilber, Silber, Thallium, Wismut und Zink über die Böden ins Grundwasser ausgewaschen, dispers in der Natursphäre verteilt, bis sie schließlich wieder in die menschliche Nahrungskette gelangen.

3.6.1.3 **Biodiversitätsverlust, Artenverlust und Verlust von genetischem Material**

Der Boden ist für eine Vielzahl von Pflanzen und Tieren Lebensraum und Nahrungsquelle zugleich. Die Umwandlung von Böden zu degradierten Flächen bedeutet eine signifikante Veränderung des Ökosystems und damit auch die Ausrottung bestimmter Tier- und Pflanzenarten (vgl. WBGU 1994: S. 101). Die Folge des Biodiversitätsverlusts spielt besonders in tropischen Regenwäldern eine große Rolle. Eine Quantifizierung dieses Artenverlustes ist jedoch nur schwer möglich. Die irreversible Minderung der biologischen Vielfalt und der damit verbundene Verlust genetischen Materials führt zu einer Verminderung der genetischen Variabilität und damit zu einer Abnahme der Fähigkeit der Arten, sich Umweltveränderungen anzupassen.

3.6.2 Folgen für den Menschen

3.6.2.1 **Gefährdung der Nahrungsmittelversorgung**

Angesichts des globalen Ausmaßes der Unterernährung, ca. 777 Millionen Menschen (vgl. http://www.fao.org/worldfoodsummit/english/newsroom/focus/focus3.htm, 01.03.2002) sind unterernährt, ist die Gefährdung der Nahrungsmittelversorgung eine sehr wichtige Folge der Bodendegradation. Teilweise können die degradierten Flächen nur noch in geringem Maße als landwirtschaftliche Nutzfläche dienen, teilweise sind sie jedoch auch für die Nahrungsmittelproduktion untauglich geworden.

3.6.2.2 Armutsaufschaukelung

Der Verlust an landwirtschaftlich nutzbaren Flächen erschwert die Nahrungsversorgung der wachsenden Bevölkerung und erhöht den Druck auf die verbleibenden Ackerflächen. Der Druck auf verbleibende Ackerflächen wird besonders in den Gebieten erhöht, deren Flächen durch Übernutzung bereits degradiert sind. Sie führt also regional zur Verstärkung von Armut und Hunger.

3.6.2.3 Verdrängung indigener Bevölkerung und Migration

Durch die Degradation und den Rückgang der Nutzbarkeit des Bodens für die landwirtschaftliche Produktion sind indigene Bevölkerungsgruppen häufig gezwungen, die ehemals bewirtschafteten Flächen aufzugeben und nach neuen Anbauflächen zu suchen. Dies ist jedoch nicht so einfach möglich, da Land kein freies Gut ist, sondern zum Besitz bestimmter Menschen gehört. So können Konflikte verschiedener Interessengemeinschaften untereinander entstehen. In der Vergangenheit sah man die Ursachen für Migration vor allem in regionalen Disparitäten der

Arbeitsplatzverfügbarkeit und des Kapitals. Migration ist demzufolge, im Unterschied zur Flucht, eine Wanderung zur Verbesserung der eigenen Lebensverhältnisse (vgl. Lonergan 2002: S. 5). Lonergan grenzt Umweltflüchtlinge von herkömmlichen Flüchtlingen ab: Flüchtlinge sind Menschen, die aus einer begründeten Angst wegen ihrer Rassen-, Religions- oder Staatenzugehörigkeit verfolgt zu werden, ihr Heimatland aufgeben (vgl. 2002: S. 5). Umweltflüchtlinge sind Menschen, die ihr Heimatland oder –region verlassen, da eine Umweltveränderung ihre Existenz bedroht oder ihre Lebensqualität entscheidend verringert (vgl. 2002: S. 9). Die Wanderungsströme können sich sowohl innerstaatlich als auch über nationale Grenzen hinaus vollziehen.

3.7 Fazit: Bodendegradation als Ursachen-Prozess-Aggregat-Folgen-Komplex

Zusammenfassend ist festzuhalten, dass Bodendegradation verstanden werden sollte als komplexes Prozessresponsesystem aus diversen Ursachen, die jeweils zu zahlreichen Bodenprozessen führen, die wiederum sehr unterschiedliche reduzierte Bodenaggregate zur Folge haben. Aufgrund der veränderten Bodenaggregate ergeben sich wiederum Folgen für Mensch und Natur. Der Mensch reagiert auf diese Folgen, z.B. Produktivitätsverlust, in dem er sein Verhalten anpasst, beispielsweise seine Bewirtschaftungsweise verändert oder intensiviert. Diese Veränderungen bilden dann gemeinsam mit den unveränderten physischen Ursachen den Ursachenkomplex erneuter Bodendegradation.

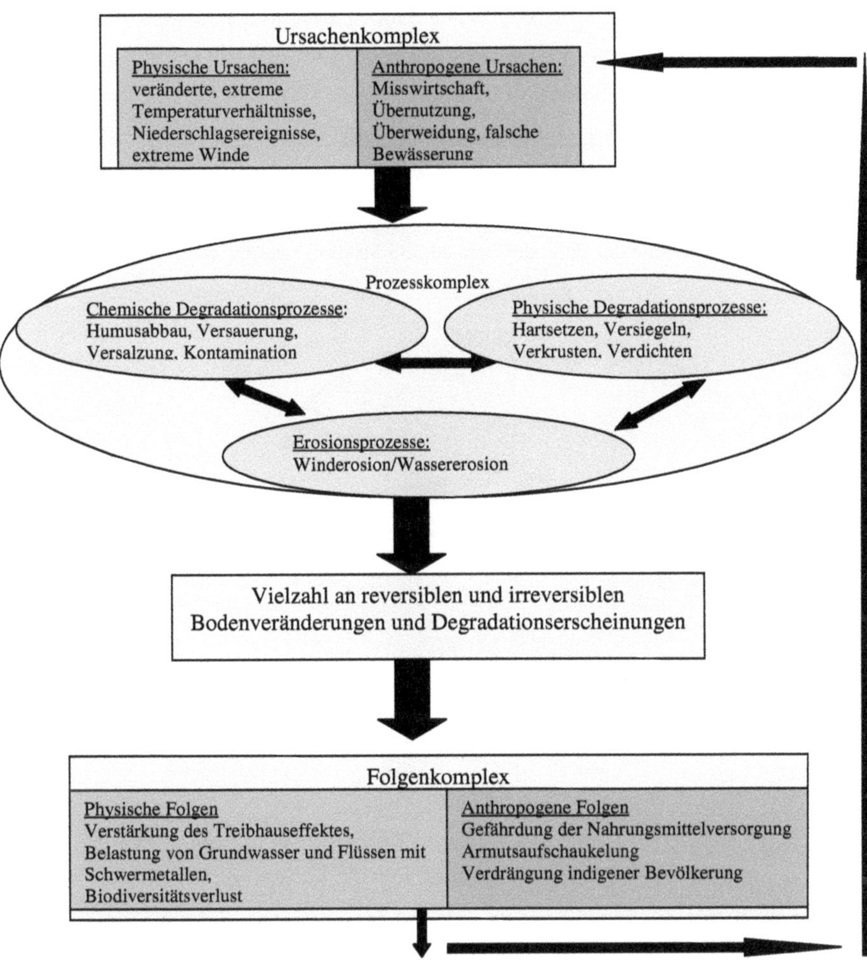

Abb. 19 Bodendegradation als Ursachen-Prozess-Aggregat-Folgen-Komplex, eigener Entwurf

Der Mensch ist also gleichzeitig Auslöser und Betroffener der Bodendegradation und nur er kann das Prozessresponsesystem unterbrechen. Dazu ist es jedoch notwenig, die Bodendegradation, deren Vorgänge mit mäßiger bis langsamer Geschwindigkeit ablaufen, als *creeping disaster* erkannt wird und dass sich der Mensch die Irreversibilität einiger Prozesse und Aggregate verdeutlicht.

Die dargestellten Ursachen, Prozesse, Aggregate und Folgen treten jedoch nie alle gemeinsam auf, sondern unter bestimmten Klimaverhältnissen werden bei gleicher Bewirtschaftung andere Prozesse ausgelöst als unter anderen Klimaverhältnissen. In den immerfeuchten Tropen ist deshalb beispielsweise chemische Bodendegradation oder

Wassererosion ein häufigerer Degradationsprozess als in ariden Gebieten. Es gibt jedoch typische Muster, welche Ursachen zu welchen Prozessen und Folgen führen, die mit Hilfe der Syndromanalyse erfasst werden[4].

3.8 Globales Ausmaß und Regionen der Bodendegradation

Insgesamt waren schon im Jahre 1994 (WBGU 1994: S. 59) auf der Erde circa 2.000 Millionen Hektar Boden durch menschliche Aktivität degradiert, das heißt circa 15% der Landoberfläche der Erde, die circa 13 333 Millionen Hektar Boden umfasst.

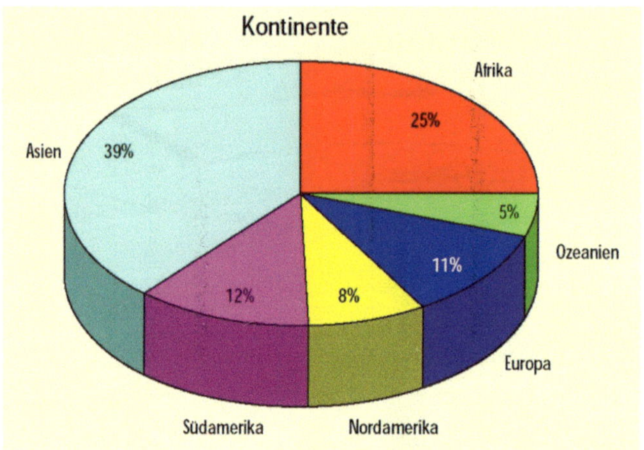

Abb. 20 Anteil der Kontinente an den globalen Degradationsflächen (WBGU 1994: S. 59, Abb. 7)

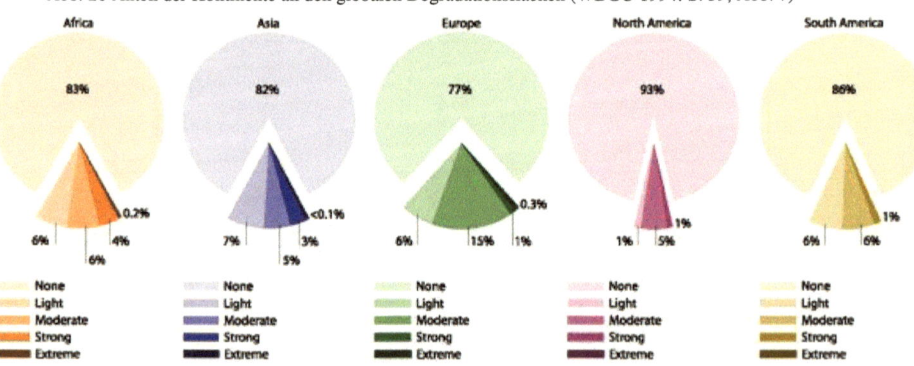

Abb. 21 Degradationsgrad und Degradationsintensität der Böden der verschiedenen Kontinente (UNEP 2002: Global Environmental Outlook 3: www.grida.no/geo/geo3./english/fig65.htm, 07.01.2002)

[4] Die Syndromanalyse klassifiziert Veränderungen der Umwelt nach ihren Erscheinungsformen. Der Begriff Syndrom stammt aus der Medizin und beschreibt Bilder von Umweltveränderungen wie Krankheitsbilder, z.B. das Sahel-Syndrom.

Von diesen 2.000 Millionen Hektar Boden waren nach Einschätzung des WBGU (1994: S. 59) 1% extrem, 15% stark, 46% mittel und 38% leicht degradiert. Die Einteilung in vier Stufen des Degradationsausmaßes stammt von Oldemann (1991: S. 23):

1. leicht *(light)*, der Boden ist reversibel geschädigt
2. mittel *(moderate)*, der Boden ist nur noch für lokale Zwecke landwirtschaftlich nutzbar und die Regeneration bedarf großer Anstrengung
3. stark *(strong)*, die Böden haben ihre Produktionskapazität verloren und könnten nur unter sehr hohem Kosten-, Arbeits- und Energieaufwand regeneriert werden und
4. extrem *(extreme)*, die Böden sind irreversibel zu Ödland degradiert.

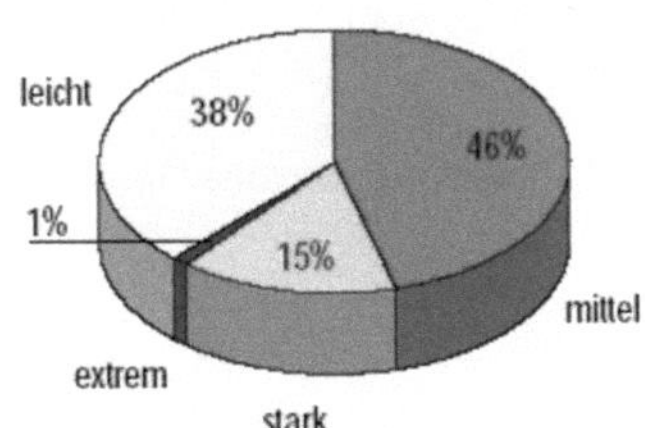

Abb. 22 Prozentuale Verteilung des Degradationsgrads der betroffenen Flächen (WBGU 1994: S. 59, Abb. 7)

Stellt man die verschieden stark degradierten Gebiete in einer Karte dar, wird ersichtlich, dass die sehr degradierten Gebiete auf der ganzen Welt verteilt sind (vgl. UNEP – World Map on human induced soil degradation):

- Nordamerika, USA:
  Sehr starke Wassererosion in Wisconsin, Illinois, Indiana, Kalifornien, Arizona
  Sehr starke Winderosion in Minnesota
- Mittelamerika:
  Sehr starke Wassererosion im südlichen Mexiko
  Sehr starke chemische Degradation in Costa Rica
  Sehr starke physikalische Degradation im südlichen Mexiko
- Südamerika
  Sehr starke Wassererosion in Peru
  Sehr starke Winderosion in Chile
  Sehr starke chemische Degradation in Brasilien

Sehr starke physikalische Degradation in Argentinien (südlich von Buenos Aires)

- Europa

  Sehr starke Wassererosion in Slowenien, Jugoslawien, Herzegowina, Bosnien-Herzegowina, Rumänien, Albanien und der Türkei

  Winderosion ist in Europa unbedeutend

  Sehr starke chemische Degradation in Polen und im südlichen Schweden

  Sehr starke physikalische Degradation im nordöstlichen Italien, in Südrumänien und Südbulgarien

- Afrika

  Sehr starke Wassererosion in Marokko, in Mali, Burkina Faso, Nigeria, Kamerun, Äthiopien, Kenia, Tansania und Südafrika

  Sehr starke Winderosion in Libyen, im Sudan, in Somalia, im Niger, in Mali, Burkina Faso und Mauretanien

  Sehr starke chemische Degradation an der Südküste Benins, im westlichen Sudan, in Ruanda und Madagaskar

  Sehr starke physikalische Degradation im Sudan und in Südafrika

- Asien

  Sehr starke Wassererosion in Indien, Thailand, Vietnam und China

  Sehr starke Winderosion in Nordchina

  Sehr starke chemische Degradation in Thailand, Kambodscha, Vietnam und im südlichen Borneo

  Sehr starke physikalische Degradation in nördlichen Borneo

- Australien Es gibt in Australien zwar Degradationserscheinungen, doch ist deren Intensität mäßig-gering

Lal (2001: S. 523) betont, dass besonders in Süd-Asien die Degradation sowohl durch Wasser als auch durch Wind sehr weit fortgeschritten ist, d.h. dass sich das Ausmaß bei Überlagerung von Prozessen potenziert.

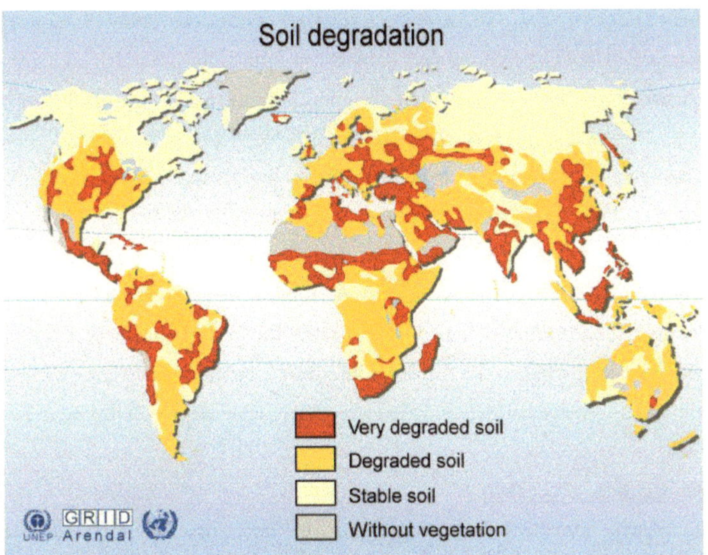

Abb. 23 Weltbodendegradation (UNEP/GRIDA (2002): http://www.grida.no/db/maps/prod/level3/id_1238.htm, 07.01.2002)

	Ackerland			Dauergrünland			Wälder und Savannen		
	Gesamt	Degradiert	%	Gesamt	Degradiert	%	Gesamt	Degradiert	%
Afrika	187	121	65	793	243	31	683	130	19
Asien	536	206	38	978	197	20	1.273	344	27
Südamerika	142	64	45	478	68	14	896	112	13
Zentralamerika	38	28	74	94	10	11	66	25	38
Nordamerika	236	63	26	274	29	11	621	4	1
Europa	287	72	25	156	54	35	353	92	26
Ozeanien	49	8	16	439	84	19	156	12	8
Welt	1.475	562	38	3.212	685	21	4.048	719	18

Tab. 3 Globale und kontinentale Verbreitung der Acker-, Weide- und Waldflächen, des prozentualen Anteils degradierten Böden an diesen Acker-, Weide- und Waldflächen, sowie deren prozentuale Anteile an der jeweiligen Gesamtfläche in Mio. ha (WBGU 1994: S. 59, Abb. 7)

4 BODENDEGRADATION UND MENSCHLICHE SICHERHEIT

Bodendegradation ist ein Resultat des falschen Umgangs des Menschen mit seiner Natur. Jedoch ist nicht nur der Boden von dieser auf Profit ausgerichteten Mensch-Umwelt-Beziehung geschädigt, sondern er bildet lediglich ein Teilaspekt der globalen Umweltveränderungen, des *global environmental change*. Die globalen Umweltveränderungen führen verstärkt zu Umweltgefahren und –katastrophen, die den

Menschen bedrohen. Das Vulnerabilitätskonzept wurde vor dem Hintergrund der zunehmenden Umweltkatastrophen entwickelt, um die sozialen Folgen von Katastrophen und den sozialen Umgang mit Katastrophen zu analysieren und vergleichend einander gegenüberzustellen. Vulnerabilität bezog sich dabei vorwiegend auf die ökonomische Situation und Möglichkeiten einer Gruppe oder einer Gesellschaft (vgl. Mayer 2002: 21). In jüngster wissenschaftlicher Forschung wurde jedoch besonders auf den Zusammenhang zwischen Naturkatastrophe und menschlichen Konflikten hingewiesen, so dass das Vulnerabilitätskonzept auch die politische, ökologische, soziokulturelle und wie schon zuvor ökonomische Anfälligkeit verschiedener Gesellschaften für Konflikte analysiert. Vulnerabilität setzt sich also auch aus politischen, wirtschaftlichen, medizinischen und demographischen Faktoren zusammen.

4.1 Menschliche Sicherheit

In allgemeinen Sprachgebrauch versteht man unter dem Begriff „menschliche Sicherheit", dass die Bevölkerung eines bestimmten Landes oder Region frei ohne Gefahr, Armut und Besorgnis lebt. Im Jahre 1948 wurde „menschliche Sicherheit" als Größe in die *Universal Declaration of Human Rights* der Vereinten Nationen aufgenommen, in der es heißt: "everyone has the right to life, liberty and the security of person..." (vgl. Lonergan, http://www.globalcentres.org/cgcp/english/html_documents/publications/changes/issue5/index1.htm, 20.01.2003). Diese enge Definition, deren zentrales Definitionskriterium die körperliche Unversehrtheit ist, wurde im United Nation Development Programm um eine ökonomische, gesundheitliche und umweltbedingte Perspektive erweitert und beschränkt sich nicht mehr nur auf Individuen. Man unterscheidet sieben mögliche Bedrohungskategorien:

1. Ökonomische Sicherheit, d.h. dass ein Mindesteinkommen gesichert sein sollte)
2. Nahrungsmittelsicherheit, d.h. dass die Grundversorgung mit Nahrungsmitteln gewährleistet sein sollte
3. Gesundheitliche Sicherheit, d.h. dass durch Lebensbedingungen und medizinische Versorgung Krankheiten und Infektionen kontrollierbar sein sollten
4. Ökologische Sicherheit, d.h. dass der Zugang der Menschen zu sauberem Trinkwasser, sauberer Luft und nicht degradiertem Land gesichert sein sollte
5. Persönliche Sicherheit, d.h. Sicherheit vor körperlichen Angriffen und Bedrohungen

6. Kulturelle Sicherheit, d.h. dass eine Gemeinschaft ihre Kultur und Traditionen frei leben kann
7. Politische Sicherheit, d.h. dass die Grundmenschenrechte und Freiheit gewährleistet sein sollten

Es wird deutlich, dass diese sieben Bedrohungskategorien auch eine ökologische Kategorie umfassen. Im UNDP wurde also bereits der Zusammenhang zwischen ökologischen Problemen und menschlicher Sicherheit erkannt (vgl. Lonergan, http://www.globalcentres.org/cgcp/english/html_documents/publications/changes/issue5/index1.htm, 20.01.2003). Da diese Bedrohungen zumeist Gefahren auf internationaler Ebene darstellen, bedarf es einer globalen Zusammenarbeit, diese zu bewältigen. Diese globalen Bedrohungen umfassen:

- Unkontrolliertes Bevölkerungswachstum
- Ökonomische Ungleichheit
- Exzessive internationale Migration
- Umweltdegradation
- Drogenhandel
- Internationaler Terrorismus

Der Begriff menschliche Sicherheit macht also besonders auf den Zusammenhang zwischen Umweltveränderungen, wie beispielsweise Bodendegradation, und deren Folgen für den Menschen aufmerksam, d.h. dass durch Bodendegradation beispielsweise große Migrationsbewegungen oder Flüchtlingsströme entstehen können, die ihrerseits wiederum Konflikt auslösen können.

Die menschliche Sicherheit kann durch verschiedene Umweltveränderungen bedroht werden, durch Naturkatastrophen, wie Überflutungen und Hochwasser, Vulkanausbrüche und Erdbeben, durch schleichende Katastrophen, wie Abholzung der Wälder, Bodendegradation, Desertifikation und Versalzung, durch industrielle Unfälle, wie Unfälle in Chemiefabriken oder Kernkraftwerken, durch Entwicklungsprojekte, wie Dämme und Bewässerungsprojekte, durch kriegerische Auseinandersetzung, die ihrerseits wieder Folgen für die Umwelt und deshalb auch wieder Folgen für die Menschheit haben.

4.2 Menschliche Vulnerabilität

Ein weiteres stärker anthropogen ausgerichtetes Konzept ist die Analyse der menschlichen Verwundbarkeit. In Bohles (2001: S. 4) theoretischem Konzept der Vulnerabilität, in dem Naturkatastrophen aus sozialgeographischer Sicht analysiert werden, wird die zweiseitige Ausrichtung der Verwundbarkeit betont: Die äußere Seite der Verwundbarkeit beschreibt den Grad der Betroffenheit der Menschen, der vom Ausmaß der Naturkatastrophe abhängig ist, die innere Seite der Verwundbarkeit beschreibt die Fähigkeit der Menschen mit dieser Katastrophe umzugehen.

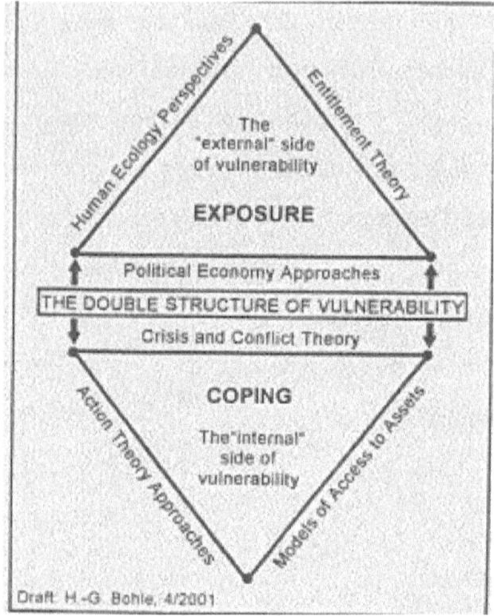

Abb. 24 The double structure of vulnerability (Bohle 2001: S. 4)

Vulnerabilität wird mit Hilfe eines Indices dargestellt, der sich aus zwölf Indikatoren errechnet:

1. Abhängigkeit von Nahrungsmittelimport
2. Wassermangel
3. Energieimporte mit prozentualem Anteil am Energieverbrauch
4. Sicherer Zugang zu Wasser
5. Staatliche Ausgaben zu Verteidigungszwecken statt für Gesundheitswesen und Bildungs- und Erziehungswesen
6. Indikator der menschlichen Freiheit
7. Städtisches Bevölkerungswachstum
8. Kindersterblichkeit
9. Müttersterblichkeit
10. Pro-Kopf-Einkommen
11. Anteil/Höhe der Demokratisierung
12. Fruchtbarkeitsrate (körperliche Gewalt)

4.3 Fazit: Regions at Risk: Degradation als Bedrohung menschlicher Sicherheit

Regions at Risk sind besonders Gebiete, in denen Naturgefahr, sowohl sich plötzlich ereignende als auch schleichende, oder umweltbelastende Unfälle oder Konflikten mit hoher menschlicher Vulnerabilität zusammenfallen und dadurch große Schäden verursachen können und die menschliche Sicherheit bedrohen. Um *Regions at Risk* zu bestimmen und graphisch darzustellen, müsste man Naturkatastrophenkarten, beziehungsweise Bodendegradationskarten, mit Vulnerabilitätskarten über einander legen, um zu überprüfen, wo eine starke Vulnerabilität mit Naturkatastrophen zusammenfallen. In der Abb. 25 wird versucht, die Indikatoren der Vulnerabilität in einen Index umzurechnen und dann, wie geschehen, diesen Index in einer Karte darzustellen. Dies unterscheidet sich von den etwas älteren Überlegungen Bohles, da dieser zumeist nur einen Indikator für menschliche Vulnerabilität in globalen Karten abbildetet, wie beispielsweise die Darstellung Verwundbarkeit gegenüber Nahrungsmittelkrisen (Bohle 1994: S. 404). Der Vorteil dieses neuen Ansatzes, der Erstellung eines Weltvulnerabilitätsindices, an welchem auch das Zeneb-Projekt Bonn-Bayreuth arbeitet, ist der Einfluss einer Vielzahl von Indikatoren, die ein Gesamtbild ergeben. Problematisch ist jedoch noch die Frage der Messbarkeit einzelner Indikatoren, wie beispielsweise Grad der menschlichen Freiheit oder Anteil der Demokratisierung.

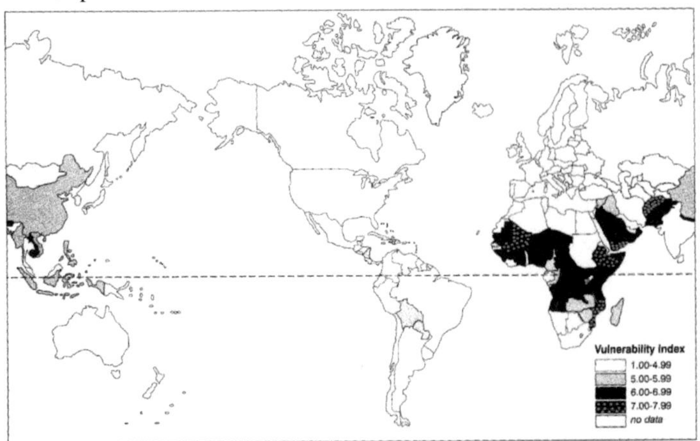

Abb. 25 Vulnerability index by country (Lonergan 1997: S. 28, Fig.7)

Eine detaillierte Karte Afrikas der Vulnerabilität zeigt die Schwierigkeiten einer solchen Darstellung, da viele Länder, die sicherlich eine sehr hohe Verwundbarkeit besitzen, wie beispielsweise Somalia, aus nicht ersichtlichen Gründen nicht als sehr vulnerabel erfasst werden.

Abb. 26 Vulnerability index for Africain countries (Lonergan 1997: S. 29, Fig.8)

5 FALLBEISPIEL MALI

5.1 Allgemeine Informationen

Die Republik Mali befindet sich im westlichen Zentralafrika innerhalb der Sahelzone, die sich um den 15. nördlichen Breitengrad von der afrikanischen Atlantikküste bis zum Roten Meer erstreckt (WBGU 1994: S. 189). Das am Südrand der Sahara gelegene Land hat eine Fläche von 1 240 192 km^2 und seine Bevölkerungszahl beträgt 10 960 000 Einwohner (vgl. http://www.destatis.de/basis/d/ausl/ausl108.htm, 02.02.2003).[5] Die Hauptstadt des Landes ist Bamako. Weitere größere Städte sind Kayes, Timbuktu und Gao. Die Amtssprache der ehemaligen französischen Kolonie (1895-1960) ist Französisch, weitere einheimische Sprachen sind Fulani und Songhai. Die UNO ordnet Mali den *least developed countries* zu. Die bedeutendste Religion ist der Islam, es existieren jedoch weitere Naturreligionen.

[5] Alle Bevölkerungs- und Landesstatistischen Zahlen ohne weitere Quellenangaben stammen von der Homepage des Statistischen Bundesamtes: (vgl. http://www.destatis.de/basis/d/ausl/ausl108.htm, 02.02.2003).

Abb. 27 Topographie Malis (http://www.mali-guides.com/media/mali_main_map.jpg, 02.02.2003)

5.2 Umweltkatastrophe Desertifikation

Mali hat mit dem *creeping disaster* Bodendegradation zu kämpfen. Desertifikation wird häufig als ein fortgeschrittenes Stadium der Bodendegradation betrachtet. Der Begriff selbst leitet sich von den lateinischen Begriffen „desertus", ‚Wüste', und „facere", ‚machen', ab (vgl. Mensching 1990: S. 1), doch er wird in der Literatur verschieden definiert. Auf der United Nations Conference on Desertification (**UNCOD**) im Jahre

1977 in Nairobi wurde Desertifikation definiert als "diminution or destruction of the biological potential of the land which can lead ultimately to desert-like conditions (vgl. www.ciesin.org, 29.12.2002). " Diese Definition betont besonders den sich aufgrund von Veränderung einstellenden, für den Menschen unnutzbar gewordenen Bodenzustand. In der Erklärung des „United Nation Development Programm“ (UNDP) wird Desertifikation hauptsächlich auf menschliche Ursachen zurückgeführt. In der „United Nations Convention to Combat Desertification“ (UNCCD), die 1992 veröffentlicht wurde, wird der Begriff definiert als „Land Degradation in arid, semi-arid and sub-humid areas from various factors, including climatic variations and human activities.“ Diese Begriffbestimmung hebt hervor, dass Desertifikation im Unterschied zu Degradation nur in trockenen-randfeuchten Gebieten auftritt und dass es zweierlei Arten von Ursachen gibt: klimatische und menschliche. Darüber hinaus schränkt die UNCCD die Desertifikationsgebiete als Gebiete ein, in denen die Spanne zwischen Niederschlag und potentieller Evapotranspiration nie höher als 0,05-0,65 mm/J ist. In Anlehnung der in 3.7 zusammengefassten Ergebnisse der Bodendegradation, wird als Arbeitsgrundlage für diese Ausarbeitung folgende Definition formuliert: Desertifikation bezeichnet mehrere spezifische, besonders in trockenen Gebieten auftretende Prozesse der Reduktion der Bodeneigenschaften und –funktionen, wie beispielsweise Winderosion, Bodenverkrustung, Versalzung und Alkalinisierung. Diese Prozesse sind sowohl anthropogen als auch physisch initiiert und haben diverse physische, wie beispielsweise Verlust der Pflanzendecke, Ersetzung mehrjähriger durch einjährige Pflanzen, Veränderung des Bodenwasserhaushaltes, und anthropogene Folgen, Rückgang der lebensnotwendigen Biomassenproduktion. Der Desertifikationsprozess ist häufig an Dürrekatastrophen gekoppelt.

5.3 Physische Verwundbarkeitsdeterminanten

5.3.1 Klimatische Verwundbarkeitsdeterminanten

Die Temperaturen Malis sind ganzjährig sehr hoch und die klimatischen Verhältnisse der Republik gliedern sich nach den Niederschlagsmengen in drei regionale Klimazonen: erstens den extrem ariden Norden des Landes, dessen durchschnittliche jährliche Niederschlagsmenge unter 200mm liegt und zum saharischen Trockenraum gezählt wird, zweitens dem nur wenig gemäßigterem zentralen Gebiet, dessen durchschnittliche jährliche Niederschlagsmenge zwischen 200-400mm liegt und der Sahelzone zugerechnet wird, und drittens dem Süden, dessen jährlicher Niederschlag über 600mm beträgt.

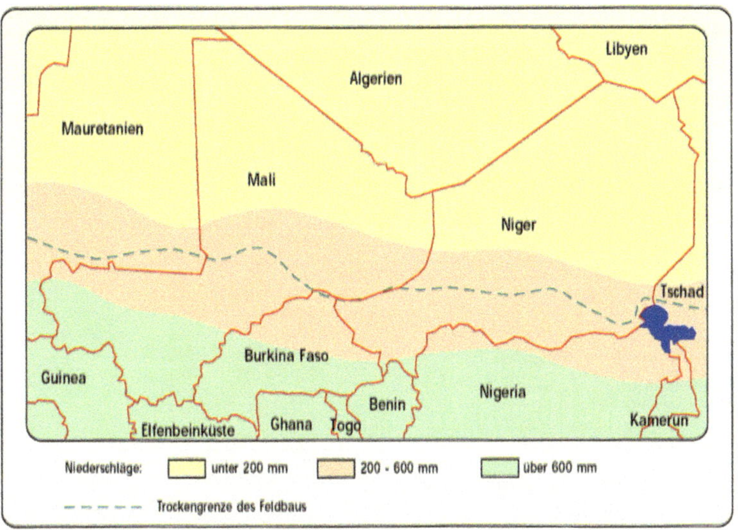

Abb. 28 Niederschläge im Sahel (WBGU 1994: S. 191, Abb. 45)

Treten in diesem ariden-semi-ariden Land zusätzlich Dürren ein, wie beispielsweise im Jahre 1969-1973, wird das Land extrem vulnerabel. Nach der UNCCD ist Dürre ein natürlich auftretendes Phänomen, dass sich einstellt, wenn der Niederschlag signifikant unter dem normal gemessenen Level liegt. Dürre verursacht hydrologisches Ungleichgewicht und führt zur Reduktion der Bodenfruchtbarkeit. Es muss jedoch auch darauf aufmerksam gemacht werden, dass Dürreperrioden in Trockenklimaten, die durch Niederschlagsvariabilität gekennzeichnet sind, „zum «normalen» Klimaablauf gehören und immer wieder, auch periodisch, auftreten, wobei diese Perioden zeitlich nicht exakt festliegen, wohl aber in mittleren Schwingungsabständen auftreten (Mensching 1990: S. 3).“ Zur Dürrekatastrophe wird die Dürre nach Mensching aufgrund der Dauer der Trockenperiode. Hält diese über mehrere Jahre an spricht man von Dürrekatastrophe (vgl. Mensching 1990: S. 3). Der Unterschied zwischen Dürre und Desertifikation führt Mensching auf die Ursachen zurück, sind diese natürlich spricht er von Dürre, sind diese Trockenperioden durch den Menschen ausgelöst spricht er von Desertifikation. Jedoch in Anlehnung an Alexander kann man jedoch erst dann von Dürrekatastrophe sprechen, wenn sich diese Trockenperiode in einem menschlich besiedelten Gebiet vollzieht und durch sie schwere physische und wirtschaftliche Folgen für die Bevölkerung entstehen. Der Begriff *Desertifikation* wird hier jedoch in Abgrenzung zu Mensching definiert als Prozess, der sowohl auf natürliche als auch auf menschliche Ursachen zurückgeht und wiederum zweierlei Auswirkungen hat.

Die von 1969 bis 1973 anhaltende Dürre kostete über eine Million Menschen das Leben: Die Menschen verhungerten oder starben an Tuberkolose oder Typhus. Darüber hinaus wurden die politischen Verhältnisse deutlich verschlechtert.

5.3.2 Verwundbarkeitsdeterminanten der Vegetation

Aufgrund der oben beschriebenen klimatischen Verhältnisse ist die Vegetation Malis und damit verbunden auch die landwirtschaftlichen Anbaumöglichkeiten vielerorts sehr karg. Man unterscheidet Wüste, Dornsavanne, Trockensavanne und Feuchtsavanne:

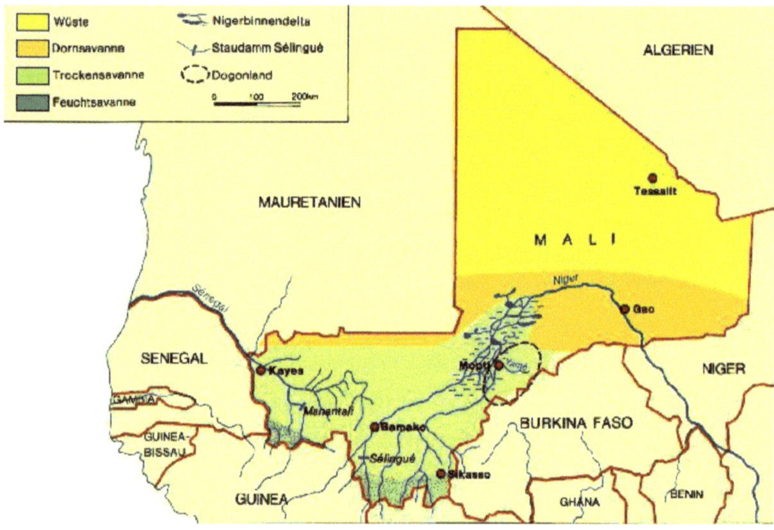

Abb. 29 Vegetationszonen Malis
(http://www.einsteinfreun.de/stoff/unterricht/erdkunde/mali/material/bilder/vegzon.gif, 02.02.2003)

5.3.3 Geomorphologische und bodenkundliche Verwundbarkeitsdeterminanten

Da die Bodenentwicklung vom Klima abhängig ist, lassen sich die Böden in rote Böden der humiden Regionen, Ferrallite und Fersiallite, und braune Böden der semi-ariden Gebiete differenzieren (vgl. Streiffeler, Chmielewski 2002: S. 33). Bei den Böden des Nordens der Republik spielt, aufgrund der Abnahme der Niederschlagsmenge, der Prozess der chemischen Verwitterung als Bodenbildungsprozess eine immer geringere Rolle, die Mächtigkeit des Verwitterungshorizontes nimmt von Süd nach Nord ab und die physikalischen Bodeneigenschaften der Infiltration, der Korngrößenzusammensetzung und der Struktur verschlechtern sich. Daraus resultiert, dass die Böden weiter nördlich anfälliger für Wind und Wassererosion sind (vgl. Streiffeler, Chmielewski 2002: S. 33).

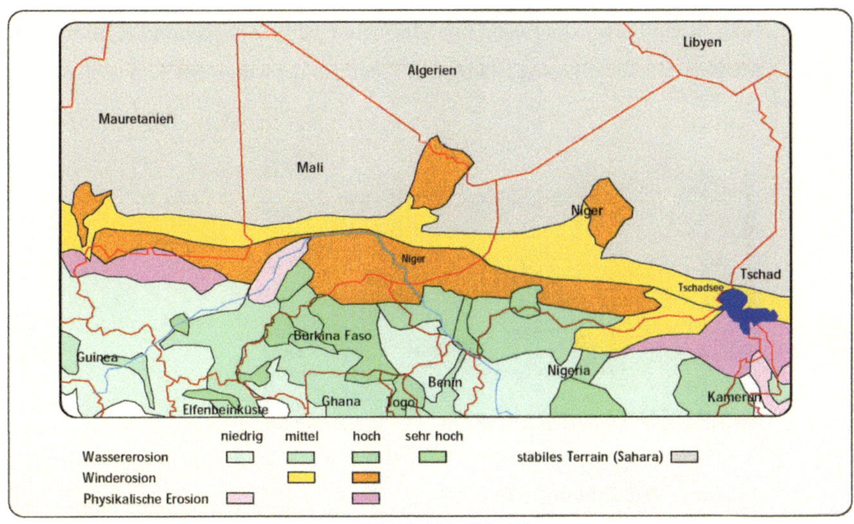

Abb. 30 Bodendegradation im Sahel (WBGU 1994: S. 193, Abb. 46)

Das stärkste Ausmaß der Bodendegradation wird jedoch nicht durch klimatische Bedingungen, sondern durch die landwirtschaftliche Bearbeitung des Menschen in der Sahelregion bewirkt.

Abb. 31 Trockenraum im Norden Malis, (http://www.truehealth.org/biosref1.html, 26.01.2003)

5.4 Anthropogene Verwundbarkeitsdeterminanten

5.4.1 Demographische Verwundbarkeitsdeterminanten

Das jährliche natürliche Bevölkerungswachstum liegt bei 3,3% und die Kindersterblichkeit liegt im ersten Lebensjahr bei 118 Kindern je 1000 Lebendgeborenen. Im Durchschnitt gebärt jede Frau 6,6 Kinder und die durchschnittliche Lebenserwartung liegt bei 53,3 Jahren.

5.4.2 Wirtschaftliche Verwundbarkeitsdeterminanten

Mali ist ein Entwicklungsland mit allgemein niedriger ökonomischer Entwicklung. Die Mehrheit der Bevölkerung lebt an oder unterhalb der nationalen Armutsgrenze.

Abb. 32 Mali, Lehmhütten (http://www.youngmonkey.ca/arms/visits/ Mali-94/photo_album3.html, 26.01.2003)

Der Zustand des Gesundheitswesens ist allgemein sehr unbefriedigend. Infrastruktur und Hygienestandards sind niedrig. Circa 85% der Menschen ernähren sich durch Land- und Forstwirtschaft und ein geringer Anteil auch durch Flussfischerei. In Mali sind circa 46,9 % der Bevölkerung im primären Sektor tätig, 17,5% im produzierendem Gewerbe, 4,4% im verarbeitenden Gewerbe und 35,6 % arbeiten im Dienstleistungssektor (vgl. http://www.destatis.de/basis/d/ausl/ausl108.htm, 02.02.2003). Die Republik ist mit 3.202.000.000 US-$ im Ausland verschuldet, von denen 2.827.000.000 US-$ langfristige Schulden sind. Durch die Auslandverschuldung sind sie zum Anbau von Cash-Crops gezwungen.

Mali- Country Data			
Population	11.7	million	2001
Area	1240192	sq.km	2001
Population density	9	inhabitants per sq.km	2001
Unemployment rate	n.a.	%	
Gross domestic product (GDP)	2298	million US-$	2000
GDP-growth (p.a.,real)	4.5	%	2000
GDP per capita (real)	288	US-$	2000
Inflation rate (consumer prices)	-0.7	%	2000
Import	689	million US-$	2000
Export	378	million US-$	2000
Trade balance	-311	million US-$	2000
Passenger cars in use	2	per 1000 inhabitants	2000
Personal computers	1	per 1000 inhabitants	2001

Tab. 4 Länderinformation Mali (http://www.destatis.de/cgi-bin/ausland_suche_e.pl, 02.02.2003)

5.4.3 Politische Verwundbarkeitsdeterminanten

Die ehemalige französische Kolonie Mali proklamierte am 22.09.1960 ihre Unabhängigkeit. Der erste sozialistische Präsident, Modibo Keita, regierte bis Ende 1968, bis er von einer Gruppe junger Offiziere mit Hilfe der Militärs gestürzt wurde. Er hatte jedoch ein gutes politisches Verhältnis zu Frankreich aufgebaut, so dass das Land mit französischen Entwicklungshilfegeldern gefördert wurde. Die zweite Republik wurde unter der Präsidentschaft Moussa Traore errichtet. Er blieb 23 Jahre im Amt, bis er 1991 nach innenpolitischen Unruhen gestürzt wurde. „Anfang 1992 nahm das Volk in einem Referendum eine neue demokratische Verfassung an und wählte Alpha Oumar Konare zum Präsidenten. Gewaltenteilung und Mehrparteiensystem gehören seither zur politischen Kultur der dritten Republik (vgl. www.programm-mali-nord.de, 02.02.2003).“ Die Republik gilt als Musterbeispiel der Demokratie Afrikas.

5.4.4 Medizinische, gesundheitliche Verwundbarkeitsdeterminanten

Mali hat mit verschiedenen medizinischen, beziehungsweise gesundheitlichen Problemen zu kämpfen: Ein Drittel der Kinder unter fünf Jahren und ein Viertel der Kinder unter sechs Monaten sind unterernährt, circa 5% der Bevölkerung sind mit dem AIDS-Virus infiziert und eine der Haupttodesursachen sind Infektionen und parasitäre Erreger. Die Bevölkerung hat mit Durchfallerkrankungen, Typhus, Cholera, Gelbfieber und Malaria zu kämpfen (vgl.http://www.gesundes-reisen.de/laenderindex.html#LandKurz10099.html, 02.02.2003).

Wasserversorgung der Bevölkerung in % *(100)*:	45
Krankenhausbetten pro 10.000 Einwohner *(75)*:	5
Bevölkerungsanzahl pro Arzt *(300)*:	18400

Tab. 5 Informationen zur Gesundheitssituation (http://www.gesundes-reisen.de/laenderindex.html#LandKurz10099.html, 02.02.2003)

Besonders die schlechte Wasserversorgung und das Fehlen von Wasserleitungssystemen verschlechtert die gesundheitliche Situation der Bevölkerung Malis.

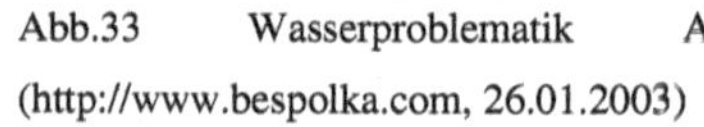

Abb.33 Wasserproblematik A (http://www.bespolka.com, 26.01.2003)

Abb.34 Wasserproblematik B (http://www.galenfrysinger.com/hires/mali 109.jpg, 26.01.2003)

5.5 Konflikte

In den drei nördlichen Regionen Malis (Timbuktu, Gao, Kidal) leben knapp 1,5 Mio. Menschen, die ihren Lebensunterhalt vor allem als nomadische Viehhalter, Ackerbauern und Fischer verdienen. Die schwere Dürre der 60er Jahre, Desertifikation und Bevölkerungswachstum haben die Konkurrenz um die knappen natürlichen Ressourcen und Lebensmittel verschärft. Armut, Hunger und unerfüllte Forderungen der Tuareg nach Selbstverwaltung und autonomen Gebieten waren der Auslöser der Tuareg-Rebellion im Jahre 1990. Sie führte zu bürgerkriegsähnlichen Auseinandersetzungen. Moussa Traoré wurde gestürzt. Die nationale Armee und die schwarzafrikanische Bevölkerung Malis ermordeten mehr als 1000 Tuareg, so dass daraufhin circa 50 000 Tuareg nach Mauretanien flüchteten. Im Januar 1991 kam es zum Friedensabkommen in Tammanrasset, in dem die Entmilitarisierung der Konfliktzone, die Dezentralisierung der Verwaltung und die Verpflichtung zu mehr staatlichen Investitionen im Norden des Landes zwischen den Tuareg und dem Staat Mali vereinbart wurden. Der Konflikt fand jedoch erst mit dem *Pacte National* ein vorläufiges Ende, der im April 1992 von den Tuareg und der neuen Regierung unterzeichnet wurde und den Tuareg eine regionale Selbstverwaltung im Norden des Landes zusicherte. Die Umsetzung des *Pacte National* stieß auf Widerstände. Die Kämpfe flackerten erneut auf und endeten erst 1995. Mit Unterstützung des Programms Mali-Nord verständigten sich die Konfliktparteien des am schwersten betroffenen Gebietes, des Westen Timbuktus (vgl. www.programm-mali-nord.de, 02.02.2003). Die Flüchtlinge aus den mauretanischen Lagern, vor allem hellhäutige Tuareg und Mauren, kehrten zeitgleich mit den intern Vertriebenen aus anderen Regionen Malis, vor allem schwarzen Bellahs, in die verlassenen Gebiete zurück. Bis Juni 1997 war die Rückführung abgeschlossen.

6 Fazit

Am Fallbeispiel Mali konnte der Zusammenhang zwischen gesellschaftlich-sozialen Problemen und Problemen der Umweltzerstörung und des globalen Klimawandels deutlich aufgezeigt werden.

Besonders die Geographie kann anthropogene und physische Betrachtungsweisen auf Probleme verbinden.

Das geographische Erklären von Umweltveränderungen und deren Auswirkungen und Schäden für den Menschen könnte endlich ein stärkeres Umweltbewusstsein wecken und globale Politik und besonders globale Wirtschaft davon überzeugen, dass ein nachhaltiger Umgang mit Natur und Umwelt auch aus politisch-wirtschaftlicher Perspektive sinnvoll ist.

Die neuesten Forschungen zur Erstellung eines *Worldvulnerabilityindex* kann, unter der Vorraussetzung der Verwendung angemessener Daten als Indikatoren einzelner Vulnerabilitätsfaktoren, besonders erfolgreich sein, da eine solcher Index ein differenziertes Bild über die Verletzbarkeit verschiedener Staaten zulässt und deren Vergleichbarkeit ermöglicht.

Nur wenn auch die ökologischen Ursachen menschlicher Konflikte in politischen Handlungen mitberücksichtigt werden, können Konflikte langfristig oder sogar endgültig beseitigt werden und menschliche Sicherheit, eines der Grundmenschenrechte, erzielt werden.

Nach dieser analytischen Betrachtung des Umweltproblems, müsste nun in einem weiteren Schritt gezielt Maßnahmen zur Bekämpfung des Problems erarbeitet werden und darüber hinaus die Aufgabenfelder verschiedener globaler, regionaler und lokaler Organisationen abgegrenzt werden. Anhand des *Worldvulnerabilityindex* werden die verschiedenen Ursachen der einzelnen Krisen genau erörtert werden können und Hilfsmaßnahmen und Konfliktlösungsstrategien schnell und zuverlässig gefunden werden können.

Da globale Probleme sich als komplexe Vernetzungen erweisen, muss die Betrachtung, Analyse und Lösung der Probleme den Vernetzungsakt ebenfalls leisten. Die

Wissenschaft muss die Erde als komplexes System betrachten, in dem einzelne Komponenten ineinander greifen und Interdisziplinarität muss anstelle von Spezialisierung gesetzt werden.

7 ANHANG

7.1 Abbildungsverzeichnis

7.2 Tabellenverzeichnis

7.3 Literaturverzeichnis

ALEXANDER, David (1998): **Natural Disasters**, London.

ALEXANDRATOS, Nikos [Hrsg.] (1995): **World Agriculture Towards 2010**, An FAO Study, Chichester.

AUERSWALD, Karl (1998): ***Bodenerosion durch Wasser***, Prozesse der Ablösung und des Transports. In: Richter, Gerold [Hrsg.]: **Bodenerosion**, Darmstadt, S. 33-42.

BOHLE, Hans Georg (1994): ***Dürrekatastrophen und Hungerkrisen***, Sozialwissenschaftliche Perspektive geographischer Risikoforschung. In: **Geographische Rundschau**, 1994, 46/10, Braunschweig, S. 400-407.

BOHLE, Hans Georg (2001): ***Vulnerability and Criticality: Perspectives from Social Geography***. In: Newsletter of the International Human Dimensions Programme on Global Environmental Change, 2001/2, Bonn, S. 1-5.

BLAIKIE, Piers; BROOKFIELD, Harold (1987a): ***Approaches to the study of land degradation***. In: Blaikie, Piers; Brookfield, Harold [Hrsg.]: **Land degradation and society**, London, New York, S. 27-37.

BLAIKIE, PIERS; BROOKFIELD, HAROLD (1987b): ***Defining and debating the problem***. In: Blaikie, Piers; Brookfield, Harold [Hrsg.]: **Land degradation and society**, London, New York, S. 1-26.

EHLERS, Eckhart, KRAFFT, Thomas [Hrsg.] (2001): **Understanding the earth system**, Compartment, Prozesses and Interactions, Berlin.

GABRIELS, D.; HORN, R.; VILLAGRA, M.M.; HARTMANN, R. (1998): ***Assessment, Prevention, and Rehabilitation of Soil Structrue caused by Soil surface Sealing, Crusting, and Compaction***. In: Lal, R.; Blum, W. E. H.; Valentine, C.; Stewart, B.A. [Hrsg.]: **Methods of Assessment of Soil Degradation**, Advances in Soil Science, Boca Raton, New York, S. 129-160.

GOUDIE, Andrew (1994): **Mensch und Umwelt**, Eine Einführung, Heidelberg.

GOUDIE, Andrew (2002): **Physische Geographie**, Eine Einführung, Heidelberg.

HAAS, Armin; LOHNERT, Beate: ***Ernährungssicherung in Mali***, Zehn Jahre nach der letzen großen Sahel-Dürre. In: **Geographische Rundschau**, 1994, 46/10, Braunschweig, S. 554-560.

HAMMER, Thomas (1999): ***Zukunftsfähiger Sahel?*** Bausteine einer Strategietheorie nachhaltiger ländlicher Entwicklung. In: **Die Erde**, 1999, 130/1, Berlin, S. 47-65.

HEINE, Klaus (1994): ***Bodenzerstörung – ein globales Umweltproblem***. In: Anhuf, Dieter, Frankenberg, Peter [Hrsg.]: **Beiträge zu globalen Umweltproblemen**, Stuttgart, S. 65-91.

HOFFMANN, Rhena (2001): ***Das Konventionsprojekt Desertifikationsbekämpfung der Deutschen Gesellschaft für Technische Zusammenarbeit GmbH***. In: **Petermanns Geographische Mitteilungen**, 2001, 145/4, Gotha, S. 16-17.

IMESON, A.C.(1990): ***Climate Global Change and Land Degradation***. In: Duplessy, J.C.; Pons, A.; Fantechi, R. [Hrsg.]: **Climate and global change**, Environment and quality of life, Brüssel, S. 247-264

IPCC WORKING GROUP 1 (2001): ***Summary for Policymakers***. In: IPCC Working Group 1 [Hrsg.]: **Climate Change 2001, The Scientific Basis**, Cambridge, S. 1-17.

IPCC WORKING GROUP 2 (2001): ***Summary for Policymakers***. In: IPCC Working Group 2 [Hrsg.]: **Climate Change 2001, Impacts, Adaption, and Vulnerability**, Cambridge, S. 1-17.

KASPERSON, Jeanne X.; KASPERSON, Roger E. ; Turner, B.L. [Hrsg.] (1995): **Regions at risk**, Comparisons of threatened environments, Tokyo, New York, Paris.

KOMMISSION DER EUROPÄISCHEN GEMEINSCHAFT [Hrsg.] (2002): **Mitteilung der Kommission an den Rat, den Wirtschafts- und Sozialausschuss sowie an den Ausschuss der Regionen**, Hin zu einer spezifischen Bodenschutzstrategie, C5-0328/02, Brüssel.

KRINGS, Thomas (1994): ***Probleme der Nachhaltigkeit in der Desertifikationsbekämpfung***, Zwischenbilanz nach 20 Jahren Entwicklungszusammenarbeit im Sahel. In: **Geographische Rundschau**, 1994, 46/10, Braunschweig, S. 546-552.

LAL, R. (2001): ***Soil degradation by erosion***. In: **Land Degradation & Development**, 2001, 12, S. 519-539.

LAL, R.; Kimble, J. M., Follett, R. F., Stewart, B. A. [Hrsg.] (2001): **Assessment Methods for Soil Carbon**, Advances in Soil Science, 1, Boca Raton, New York, Washington, D.C.

LONERGAN, Steve (2002): ***The Role of Environemental Degradation in Population Displacement***, Global Environmental Change and Human Security, International Human Dimensions Program on Global Environmental Change, Research Report 1, Victoria.

MAYER, Markus (2002): ***Jugend, Verwundbarkeit und soziale Diskriminierung***. In: **Geographica Helvetica**, 2002, 57/1, Egg, S. 19-33.

MENSCHING, Horst G. [Hrsg.] (1990): **Desertifikation**, Ein weltweites Problem der ökologischen Verwüstung in den Trockengebieten der Erde, Darmstadt.

MENSCHING, Horst G. (2001): ***(Landschafts-)Degradation – Desertifikation: Erscheinungsformen, Entwicklung und Bekämpfung eines globalen Umweltsydroms.*** In: **Petermanns Geographische Mitteilungen**, 2001, 145/4, Gotha, S. 6-15.

MIDDLETON, N.J.; THOMAS, D.S.G. (1992): **World Atlas of Desertification**, UNEP, Nairobi.

OLDEMAN, R.L. (1992): ***Global extent of soil degradation***.. In: **Bi-annual Report 1991**, ISRIC, Wageningen, 1992, S. 19-36.

OLDEMAN, R.L.; HAKKELING, R.A.T., SOMBROEK, W.G. (1991[2]): **World map of the status of human-induced soil degradation**, An explanatory note, Global Assessment of Soil Degradation (GLASOD), ISRIC, Den Haag.

RICHTER, Gerold (1998): ***Bodenerosion als Weltproblem***. In: Richter, Gerold [Hrsg.]: **Bodenerosion**, Darmstadt, S. 231-242.

SCHEFFER, Fritz (2002[15]): **Lehrbuch der Bodenkunde**, Heidelberg.

SPITTLER, Gerd: ***Hungerkrisen im Sahel***, Wie handeln die Betroffenen? In: **Geographische Rundschau**, 1994, 46/10, Braunschweig, S. 408-413.

STATISTISCHES BUNDESAMT [Hrsg.] (1990): **Länderbericht Mali**, Stuttgart, 1990.

STEINER, Kurt Georg (1996): **Causes of Soil degradation and development approaches to sustainable soil management**, Weikersheim.

STÜBEN, Peter E.; THURN, Valentin [Hrsg.] (1991): **Wüsten-Erde**, Der Kampf gegen Durst, Dürre und Desertifikation, Giessen.

STREIFFELER, Friedehelm; CHMIELEWSKI, Frank, u.a. [Hrsg.] (2002): **Bodendegradation in der Sahelzone/ Mali und versuchte Maßnahmen dagegen**, Projektbericht der Mali-Exkursion Oktober 2001, Berlin.

UNCED [Hrsg.] (1993): **Agenda 21**, Programme of Action for Sustainable Development. United Nations, New York.

WISSENSCHAFTLICHER BEIRAT DER BUNDESREGIERUNG FÜR GLOBALE UMWELTVERÄNDERUNGEN (WBGU) [Hrsg.] (1994): **Welt im Wandel**, Die Gefährdung der Böden, Jahresgutachten 1994, Bonn.

WISSENSCHAFTLICHER BEIRAT DER BUNDESREGIERUNG FÜR GLOBALE UMWELTVERÄNDERUNGEN (WBGU) [Hrsg.] (1998): **Welt im Wandel**, Strategien zur Bewältigung globaler Umweltrisiken, Jahresgutachten 1998, Berlin [u.a.].

VALENTIN, C.; BRESSON, L. M. (1998): ***Soil Crusting***. Lal, R.; Blum, W. E. H.; Valentine, C.; Stewart, B.A. [Hrsg.]: **Methods of Assessment of Soil Degradation**, Advances in Soil Science, 1998, Boca Raton, New York S. 89-101.

7.4 Internetverzeichnis

Ciesin – Columbia University
http://www.ciesin.org/TG/LU/process.html, 29.12.2003

Center for science and environment, 41, Tughlakabad Institutional Area, New Delhi-110062, India
www.cseindia.org/html/ eyou/gen1ch3.htm, 29.12.02

Das Internet-Magazin für Geo- und Naturwissenschaften, Springer
http://www.g-o.de/

Department of primary Industrie, Department of Sustainability and Environment
www.nre.vic.gov.au/.../vro/ vrosite.nsf/pages/gloss_DG, 25.01.2003

DEWA/GRID-Geneva International Environment House, 11 Chemin des Anémones, 1219 Châtelaine, Switzerland, Phone: (41 22) 917-8294/95, Fax: (41 22) 917-8029, Email: info@grid.unep.ch, http://www.grid.unep.ch/
http://www.grida.no/db/maps/prod/level3/id_1238.htm, 14.01.2002

Einstein-Gymnasium, Rheda-Wiedenbrück
http://www.einsteinfreun.de/stoff/unterricht/erdkunde/mali/material/bilder/vegzon.gif, 02.02.2003

FAO
http://www.fao.org/docrep/T1696E/gif/plate7.jpg, 25.01.2003

FAO, World Food Summit, Five years later, 10.-13.06.2002
http://www.fao.org/worldfoodsummit/english/newsroom/focus/focus3.htm, 01.02.2003

Forum Umwelt & Entwicklung, Bonn
http://www.forumue.de., 03.01.2003

Mali-Guided-Tours, Moussoudou Baby dit Pappa, BP 49, Tombouctou, Republic of Mali
http://www.mali-guides.com/media/mali_main_map.jpg, 02.02.2003

Ministerium für Umwelt und Verkehr Baden-Würtemberg
http://www.uvm.baden-wuerttemberg.de/abt2/umweltplan/bilder/153_01.jpg

Museum Young Monkey, Dhomas Trenn
http://www.youngmonkey.ca/arms/visits/ Mali-94/photo_album3.html, 26.01.2003

Privat-Homepage: Photograph Galen R. Frysinger, Sheboygan, Wisconsin USA
http://www.galenfrysinger.com/hires/mali109.jpg, 26.01.2003

Privat-Homepage: The Travel Journal of Jacqui and Lars, Trans-Africa 2000/01, Mali, 12. November 200
http://www.bespolka.com, 26.01.2003

Privat-Homepage: True Health, Peter H. Weis, 1998 - 2002 © all rights reserved Vancouver; B.C. email: pweis@direct.ca web site by peter h. weis
http://www.truehealth.org/biosref1.html, 26.01.2003

Programm Mali-Nord, B.P.100, Bamako
www.programm-mali-nord.de, 02.02.2003

Reisemedizinisches Zentrum - Tropeninstitut Hamburg, Seewartenstr. 10 - 20459 Hamburg - Tel.: 040-428-18-800 - Fax: -340
http://www.gesundes-reisen.de/laenderindex.html#LandKurz10099.html, 02.02.2003

Statistisches Bundesamt, Auslandstatistische Daten
http://www.destatis.de/basis/d/ausl/ausl108.htm, 02.02.2003

UNEP- Zentrum für Daten und Informationsmanagement:
Canadian Global Change Program
The Royal Society of Canada, 225 Metcalfe, # 308, Ottawa, Ontario, Canada K2P 1P9, Tel: (613) 991-5639, Fax: (613) 991-6996, E-mail: cgcp@rsc.ca
LONERGAN, Steve [Hrsg.] (1997): **Global Change and Human Security**. In: Changes, An Information Bulletin of Global Environmental Change, Toronto, 1997/5.
http://www.globalcentres.org/cgcp/english/html_documents/publications/changes/issue5/index1.htm, 02.01.2003

United Nations Information Center (UNIC), Bonn
http://www.uno.de/umwelt/unep/geo3.htm, 31.12.2002

United Nations Environmental Programme (UNEP) [Hrsg.] (2002) : Global Environmental Outlook 3, Nairobi. In: http://www.unep.org/GEO/geo3/index.htm,. Weitere

United States Department of Agriculture
www.wcc.nrcs.usda.gov/water/ quality/frame/wstfrm.html, 25.01.2003
Utah Chapter, utah.sierraclub.org, 2120 South 1300 East, Ste 204, Salt Lake City, UT 84106
http://www.sierraclub.org/ut/careforutah/p/DSCN4683.html, 25.01.2003
http://www.sierraclub.org/ut/careforutah/p/before_after.html, 25.01.2003

Wageningen University Environmental Sciences
http://www.dow.wau.nl/eswc/pics-vak/winderosion2.jpg, 25.01.2003
übergeordnetes Überwachungs- und Monitoring-Zentrum